當代戰略理論與實際

淡江戰略學派觀點

翁明賢主編

目次

1

編者言：當代戰略理論研究與
淡江戰略學派

　　一個學術機構的發展，都要有一段足夠的歷史過程，才能孕育出有別於其他單位的特色，而此一特色就是一個學術機構得以安身立命之道。淡江大學國際事務與戰略研究所（本所）自 1982 年以來，延續諸位戰略耆塑的辛勤耕耘，讓本所在台灣的國際事務與戰略的學術與教育訓練上發揮關鍵性功能，其中鈕師先鍾先生更是典型歷歷。鈕老師一生孜孜不倦，振筆於中、西戰略殿堂之間，著述等身，被譽為兩岸戰略第一人，為了紀念鈕先鍾老師所舉辦的戰略學術研討會，也完成第六屆的歷史使命。

　　本次研討會的主軸在於：「建構淡江戰略學派與當代戰略趨勢」，除了魏萼老師的主題演講：「有關當代學術派別之形成初探」，為整體大會研討定調之外，並區分為：「淡江戰略學派與西方當代戰略研究」、「淡江戰略學派與中國戰略研究」，以及一場圓桌論壇：「淡江戰略學派之建構及其發展」，圍繞在「戰略學派」為主軸焦點的學術研討會。

　　首先，任何機制都要有其識別標誌，如同企業的商

標一樣，其次，在國際關係與戰略學界，諸多的理論學派，都是以美國為首的立論基礎，除了「英國學派」以外，鮮少非西方世界的主流理論著述，雖然對岸中國學界也在醞釀「中國學派」的倡議，但還有一段很長的路要走。本所在台灣成立將近 30 年，為歷史最悠久、最具知名度的戰略研究所，因此，本所的戰略與國際研究如何能在台灣建立思想、型塑理論體系就成為學派成立的關鍵課題。

另外，在此次研討會的圓桌論壇上，與談者針對學派的成立提出許多寶貴意見，綜整觀點大約不外乎：是否有大師、是否有中心思想、是否有獨特觀點、是否有系列出版品？是否能夠引起各界重視，都成為本所未來努力的方向。是以，本所開始進行淡江戰略學派叢書的出版事宜，而此一研討會論文的正式出版，正可以以為學派的建立踏出第一步驟。

最後，感謝參與本次研討會的各位主持人、發表人與評論人，由於諸位的知識貢獻使得此次研討會圓滿完成，由於各位論文執筆人的修正，加上本所助理陳秀真小姐、以及幾位研究生陳文傑、陳翼均、王承中、嚴怡君、林秉宥、蘇冠群、孫家敏、余婕、馮英志、楊孟璋、李函潔等人的庶務協助，經由秀威資訊科技股份有限公司的出版印製，終於讓本作品能夠順利出版，以饗國內戰略學界同好。

主編

翁明賢

謹誌於 T1202

（淡江大學國際事務與戰略研究所專任教授兼所長）

2011 年 4 月 20 日

有關當代學術派別之形成初探

魏 萼（淡江大學國際事務與戰略研究所教授）

一、前言

　　以中華文化的學術為根基是淡江大學創校的基本理念；浩浩淡江、萬里通航、新舊思想、輸來相將……要通古博今；不做中國古代思想的奴隸，不做外來西方文化的殖民地。[1]根據這個辦學的思想理念，淡江人的學術如何達成「洋為中用」、「古為今用」並且「與時俱進」的學術「拿來主義」思維方式，至為重要。新「新儒家」的學術思想正好合乎於這個要求。六十年來的淡江大學從當初的淡江英專發展到今日大型的綜合大學，這是「一體多元化」的發展；而今後淡江大學如何在綜合大學的基礎上發展出淡江學術的特色，甚至走出成為一家之言的淡江學派；這似乎或許是一個淡江大學學術發展的一個新方向。

　　美國哈佛大學的新劍橋學派（財政學派），主要的是

---

[1] 鄒魯先生乃是淡江大學校歌歌詞的撰稿人；他是孫中山先生思想的追隨著，也是國民黨「西山會議」派中重要人物。

在於政府經濟，特別是約翰．凱恩斯（John M. Keynes, 1884-1946）學術思想的具體表徵。芝加哥大學的新古典學派（貨幣學派），主要的是在於市場經濟，特別是亞當．史密斯（Adam smith, 1723-1790）學派古典經濟思想的具體發展。這個籠統的學術界定縱然有些勉強，惟此確實已是人盡皆知，其對經濟學術的貢獻也是世人有目共睹。古今中外這種類似學派的例子很多。

二、一個學派形成的時空意義

舉凡一個學派的形成主要的是因為其學術思想有其獨特，能成為一家之言，況且這個獨特的學術思想對於人類福祉所產生的貢獻並已被深深肯定，因此這個學術思想被譽之為學派。例如美國的芝加哥大學貨幣學派、哈佛大學財政學派、瑞典的斯德哥爾摩大學福利國家學派等，比比皆是。任何一個學派均有其時間與空間的背景而產生的學術思想、理論及其政策；在西方文藝復興以後歐洲的重商主義、重農主義等的學術思想也曾盛極一時，此後的古典學派、新古典學派、社會主義學派、馬克斯主義學派、凱恩斯學派、制度學派等等也有其時代的意義。

戰後日本的崛起，也有其東方的學術思想的特色，尤其是政府的經濟、貿易政策促進戰後日本經濟傑出表

現最具代表性。這就是小而有效率的政府經濟和大而有活力的市場經濟，此以日本東京大學的學術精神最為典型。[2]

日本的學術思想在縱貫面上垂直的整合奈良時期的佛教思想，鎌倉時期的道教思想，江戶時期的朱熹和明治時期的王陽明儒家思想；在橫斷面則交叉地吸受了西方文藝復興以後現代化文明學術思想的精華所在。從縱貫面與橫斷面學術思想的結合，融合成為日本武士道文化，這已是日本學術精神的代表；在戰後此也充份貢獻了日本的現代化文明。日本的武士道精神可以說是東京大學實用主義學派的代表。

三、自由主義學派的一些背景

美國是全球第一富強的國家，她也是世界資本主義社會的代表。美國得天獨厚：天然資源豐富，山明水秀，何況在二十世紀裡的兩次世界大戰，都遠離了美國國土。美國的民主政治是全球現代化的堡壘，美國的市場經濟是全球現代化的燈塔。美國國家富強的優勢條件還在良性循環當中，因其人民生活的客觀條件雖已減弱，但仍相當優渥，難怪全世界的資金、人才、科技等等曾

---

[2] Johnson, Chalmers, MITI and The Japanese miracle, Stanford University Press, Stanford, California, 1982。

經不斷的向美國傾斜。確實美國是全世界現代化國家的典範，尤其是她的現代化制度更令人羨慕。因此美國人多少有些優越感，尤其是自由主義學派的人士。

　　就以美國資本主義的內涵言之，它可以自由主義保守派的共和黨和非自由主義自由派的民主黨等兩大思想戰略體系。雖然同屬於美國資本主義社會的共和黨和民主黨，但是它們所崇拜的資本主義定義卻不一致。美國共和黨秉承西歐自由主義的傳統，而民主黨則傾向西歐非主流社會福利政策的思潮。美國的自由主義（共和黨）與自由派（民主黨）的分際還是相當明顯的。美國的自由主義者有所謂白人主義的民族優越感，他們支持資本家賺錢，促成自由市場的力量；適者生存，優勝劣敗，功利主義與現實主義是他們的偏好；對於少數民族（亞裔．非裔或拉裔等）或弱者並不甚給予政策性的大力支持，其所謂的人道主義，這他們並不太重視；他們所讚揚的是人性主義。具體的說，美國自由主義的保守派比較傾向於傳統經濟學亞當．史密斯的經濟思想，而非自由主義的自由派人士則偏向於約翰．凱恩斯的經濟思想。

　　美國自由主義者對於自由派人士曾經有個不甚信任的歷史經驗，這充分表現在胡佛（J.E.Hoover）擔任美國聯邦調查局（Federal Bureau of Investigation）局長四十八年（一九二四～一九七二）期間最為明顯。美國的 FBI 曾經對某些知識份子，這包括教授、藝術家、科

學家、專欄作家、黑人領袖等鎖定範圍的監控，特別是一九五〇年代的馬卡錫主義（Joseph Marcathyism）最具代表性；這種白色恐怖行為是胡佛局長濫權的結果。在一九九〇年代後冷戰時期結束以前的反共、防共也是美國 FBI 工作的重點；這些都是美國自由主義者的作為。所謂的白色恐怖，文明的美國依然如此，那遑論其他開發中國家或社會主義國家呢？[3]

四、美國賓州大學華頓學派的崛起

美國賓州大學經濟學者勞倫斯．克萊恩（Lawrence Klein）是一九八〇年諾貝爾經濟學獎的得主，他以實證主義計量經濟學傑出貢獻而被肯定的。他是賓州大學華頓學院（Wharton School, University of Pennsylvania）學術的代表性人物。計量經濟學派以實證科學為主要，擺脫了財政學派或貨幣學派的紛爭。一九六六年紐約大學經濟政策大辯論是以財政學派的海勒（Walter Heller）教授和貨幣學派的佛利德曼（Milton Friedman）教授等人所代表的不同學術觀點的經濟政策辯論，其結果甚難分別出孰輕孰重。此因時間與空間不同而有所不同；因

---

[3]美國史丹佛大學胡佛研究所是美國保守主義重要智庫；它也是美國共和黨學術理論的重要基地。

此要以實證的計量經濟為依據。[4]這是一九七○年代經濟學學術思想的主流。此時美國經濟學當中自由主義學派或自由學派均無法稱霸世界。美國學術界所屬的智庫也頗為分歧。例如為自由主義陣容為依歸的傳統基金會，史丹佛大學胡佛研究所，藍德公司等與以自由派陣營為依歸的布魯金斯研究所、哈佛大學、柏克華大學有關學術研究所等互比苗頭。這種情形在世界各地，尤其是西歐的英國、法國、德國等也是如此。

五、社會資本主義的西方非主流思維

芝加哥大學經濟學學派是自由主義學派的代表，而哈佛大學的經濟學學派是自由學派的代表；不管自由主義學派或自由學派等都稱之為西方主義學派。芝加哥學派是秉承古典學派經濟學的傳統主張自由市場經濟，反對政府的干預。這個思想觀念原自西方文藝復興以後的西方政治經濟思想；特別是西方經濟學之父亞當·史密斯的思想強調道德情操（Moral Sentiment）的境界和利己心的動力促成社會經濟的和諧發展。持此看法者相信

---

[4]當時佛里德曼（Milton Friedman）是芝加哥大學教授，代表貨幣學派的學者家言，而海勒,（Walter Heller）是明尼蘇達大學教授，代表財政學派的學者發言。

市場供需原理趨於均衡，認為社會上若有供需不均衡狀況的發生，此只是短期的現象。因此主張最少的政府乃是最好的政府。政府的功能僅止於國防、司法和警務等少數層面。這個思想體系盛行於西歐社會經濟直至十九世紀中葉社會主義思想的產生。社會主義思想在歐洲是非主流思想，特別是卡爾．馬克斯（Karl Marx, 1818-1883）的《資本論》以及《共產黨宣言》（與恩格斯＜Federic Engels, 1820-1895＞合著）。社會主義的派別甚多，有些是溫和的，有些是激進的。

　　與自由主義思想相似但不同的是自由派學術思想。它們都是強調市場經濟與民主政治的重要性，但此不同的是自由派學者重視社會政策的意義，亦即政府經濟功能性的角色。自由主義學派的學者主張最少的政府乃是最好的政府，這是基於「道德情操」理性行為的假定。若是這個理性的假定不存在或者有所偏差時，政府經濟政策的出現是理所當然的。這是自由派學者的理論依據。自由主義學者們堅信「道德情操」的常態，而非理性的道德偏差這只是短暫的現象。自由派學者則認，自由主義學者們的理性行為假設並非常態的現象，因此政府的政治經濟學終將被肯定。自由主義學派是西歐，北美等地自從文藝復興以後學術思想的主流，這包括重商主義、重農主義、古典學派、新古典學派等的政治經濟思想；而自由派學者的出現，始自十九世紀中葉的西歐

社會主義思想，這以一九三○年代世界經濟蕭條後的凱恩斯經濟思想最為代表性。凱恩斯經濟思想的政府經濟的功能只是補充社會市場經濟的不足而已，此並不是將市場經濟取而代之。自由派的經濟思想因為是針對著傳統的自由主義經濟思想所做的調整，因此經常被認為是非主流的西方思想，其實並不一定正確。因為它與一般的社會主義經濟思想是有不同的；它與自由主義經濟思想方向相似，都是西方經濟思想的產物。

自由主義的政治經濟思想一向為美國共和黨所採用，而自由派的經濟思想則一向為美國民主黨所採用；在歐洲的英國自由黨以及勞工黨，在德國基督教民主黨以及基督教社會黨的不同政治經濟主張也是如此，前者採用了自由主義政治經濟學的觀點，後者則採用了自由派的看法。在美國的大學，其學術觀點的取向也有如此的分歧，例如美國西岸的史丹佛大學則傾向於自由主義的學術風範，而加州柏克萊大學則有傾向於自由派的學術偏好。另外，美國的智庫也有如此的分際，例如傾向於自由主義的傳統基金會和傾向於自由派的布魯金斯研究所等等的分別。基本上不論自由主義學術或者自由派學術都是西方的主流學術思想，它們是西方主義的代表。此西方主義有二分法的趨向，這是西方「天人分際」的哲學學術思想所使然。

六、戰略研究的一些學術作為

美國華盛頓的戰略與國際研究中心（Center for Strategic and International Studies, CSIS）及英國倫敦戰略研究所（Institute of International Strategic Studies, IISS）等聞名於世界，它們在戰略與國際學術上是有貢獻的；而淡江國際事務與戰略研究所何去何從，令人關注。淡江大學是有前瞻性的眼見的，其所成立的國際事務與戰略研究所不只是台灣之首創，亦有其學術研究方向的特色。然而如何進一步思考將淡江國際事務與戰略研究所發展其學術特色，成為淡江學派，此意義甚為深遠。

淡江國際事務與戰略研究所本諸「學術之重鎮、國家之干城」為辦所的主旨，其亦具社會科學之規範性和實證性的雙重目標，亦即要以「內聖」與「外王」的雙軌任務與使命的達成為主軸。惟其如此才能貢獻學術和造福人類。

十八世紀以後的西歐，其學術發展及其貢獻趨於多元化，並且有時空的意義。學術思想更有「時勢造英雄、英雄造時勢」的特質。為了解決此一時空的政治、經濟、社會等問題，遂有其思想與政策，其目的在於解決當時當地的時空政治與經濟等問題而提出的方案。例如社會

主義思想的風行於十九世紀中葉以後，當時社會正義缺乏，各種社會主義思想風起雲湧、群雄並起，其目的在於解決當時社會正義缺失的困境。此外凱恩斯學術思想之興起導因於一九三○年代世界經濟大恐慌；古典學派經濟思想復蘇起因於一九六○、一九七○年代的世界成長極限性和生存能源的有限性爭議而引起的；實證科學的計量經濟學派也因此得到重視。此外還有福利國家學派、制度學派等，這些學術思想都是最近兩百多年來西歐、北美等地經濟已開發國家的產物。其實這些學術思想自從西方十五世紀文藝復興以後就有了膨勃的發展，比較重要的是重商主義、重農主義、古典、新古典等等學派接踵而來。這些學派都有其時間與空間的意義，並且有一群觀念相同的學者大力推廣，於是形成一鼓學術力量。例如芝加哥大學的耐特（Frank Knight）、懷納（Joseph Vines）海耶克（Von Hyak）弗里德曼（Milton Friedman）史迪格勒（George Stigler）孟載爾（Robert Mundell）等等因而形成芝加哥學派的主要力量。

任何一個學派的形成均有其特有的價值與貢獻，特別是解決當時經濟發展的問題所提出的理論與政策；當然各有其哲學與文化基礎。就以古典學派的經濟理論為例；古典學派的基本假設是以「充份就業」社會的經濟為前提，認為供給與需求始終是均衡的。這是從長期的著眼來分析一切的經濟事務與現象。最具體的理論是賽

伊法則（Say's Law），認為供給會產生它的需求，這是一個長期現象的分析，主要是透過價格伸縮性來調節物資的供給與需求。即使有供需失衡的現象，這也是一個短期、暫時的狀態而已。古典學派的經濟理論是基於長期而且是靜態的分析做為假設的基礎。這個經濟分析的設定與實際經濟社會多少是有出入的。因此有了不同經濟學派的經濟思想、理論與政策。凱恩斯的經濟理論與政策正好是從另一個方向出發，他的思想學是屬於短期而且是動態分析。

七、北京大學是個沒有學派的學派

　　北京大學的學術是一個沒有學派的學派，它確實是一個學派。北大有一個湖，叫做「未名湖」，它雖然沒有命名，但是確實很出名。北大學派，它強調的是學術自由、學術獨立、兼容並包、多元一體等的學術精神。其雖然不強調北大學派，其實它的海納百川、有容乃大的學術主張，本身就是一個學術思想，也是一個不折不扣的學派。其實北大自從「五四運動」以來強調的「德先生」（Democracy）與「賽先生」（Science）的意義，獨缺「艾先生」（Ethics,倫理）的重要性。「五四運動」曾有「打倒孔家店」的口號，這有當時的時代意義，惟這個「打倒孔家店」的呼聲是與中國傳統文化相違背的。

中國五千年的文化與文明不是「五四運動」一時就能夠否定的，其所否定的是腐朽的儒家。因此筆者曾提出「打醒孔家店」的看法，重新解釋中國傳統文化的價值；尤其是儒家思想精義中孔孟思想的永恆性和時代性。[5]

北京大學的德先生與賽先生主張，雖然不提北京大學的學派，是乃不提學派的學派。因為當時它忽視了孔孟思想的重要性，孔孟思想是為中國文化的核心價值；因此北京大學的學術起初多少傾向於西化派，然而不是西方主義；這多少是不強調全盤西化的學派，但給世人的感覺北大是傾向西方學術的價值觀；這是當時正確的看法。

然而「五四運動」所強調的「德先生」與「賽先生」確實有其階段性的時代意義，然而潺潺滾滾的歷史長河，浩浩蕩蕩時代巨流，勢不可擋；北京大學終將重視中國文化孔孟思想的永恆性；換言之北京大學的學派除了「五四運動」所揭櫫的「德先生」與「賽先生」的西方學術外其終將回歸到中國文化的歷史軌跡。具體的說北京大學的學術必將結合德先生、賽先生和艾先生的學術思想，並且頂天立地的其將成為二十一世紀的中國學術主流。

一九一九年北京大學等的「五四運動」旨在除舊佈

---

[5]胡適，＜北京大學五十週年＞、《國立北京大學》，南京出版有限公司，台灣，台北，一九八一年，第一二一頁至一二五頁。

新，藉著「打倒孔家店」的號召；在做法上要去除君王時代的封建主義、官僚主義以及宗法主義的弊病，其中以科舉制度、官僚跪拜制度、婦女纏足和太監制度等等皆是腐朽儒家的表徵。這些都是「國恥」的玩意兒。此當然與經濟發展的方向相背道而馳。難怪當時的知識份子要喊出「打倒孔家店」的呼聲。因此我們也肯定當年「五四運動」的訴求。還有，「五四運動」前的知識份子，尤其是清末的儒生們例如曾國藩、李鴻章、張之洞、盛宣懷、康有為、梁啟超等等人主張「君主立憲」或「中學為體、西學為用」等的趨向。

八、五四運動與國家發展的定位

「五四運動」發生於一九一九年五月四日，而中國共產黨誕生於一九二一年七月一日，這在表面上看來是沒有關係，其實互為因果。「五四運動」打倒孔家店的看法使民族主義失去理性，國人思想失去重心，西禍與赤禍在中國接踵而來。在此文化衝突之際，國家發展方向甚難定位，於是赤禍盛行，國人遭遇到空前的大災難。直至一九七八年以後鄧小平的維新，改變了中國現代化發展的方向，中國現代化重新定位，於是今日中國人終於再度站起來了。

「五四運動」至少有三個意義，那是新文化運動，

新文學運動和新愛國運動。這三個運動都有劃時代的貢獻，何況這三者之間彼此是相關聯的。就新文化運動而言，它是孔孟思想的再生，就新文學運動而言，它是白話文藝的新生，就新愛國運動而言，它是民族性格的重生。「五四運動」與北京大學關聯性甚大。此後北京大學展開學術發展的新風範，其在中國學術史上有劃時代的意義。

北京大學不做中國古代思想的奴隸，也不做西方外來文化的殖民地，其主張外抗強權，內除國賊；因此在中國傳統思想與西方文化之間，如何尋找一個發展的空間，這才是最主要的；其中「與時俱進」、「因地制宜」的文化政策乃是重中之重。所以「五四運動」所提出的訴求中所強調的「德先生」與「賽先生」等自有其時間空間的考量。隨著時間與空間的物換星移，中國文化的歷史長河潺潺滾滾，勢不可擋。於是中國文化以儒家思想為主軸的新思維終將成為中國現代化學術的主流。這是中國的希望，也是中國人的前途。[6]

---

[6]蔡元培，＜我在北京大學的經歷＞，《國立北京大學》，南京出版有限公司，台灣，台北，一九八一年，第二六頁至三七頁。

九、結語

　　此外台灣大學創辦於一九三八年的日據時代，當時的臺灣大學以日本學術思想為依歸，台灣光復後的台灣大學經過四年的思想空窗期，一九五○年後的台灣大學則深受北京大學學風的影響。一九四九年國民政府撤退到台灣，台灣大學吸收了大量大陸各地優秀的學者，尤其是北京大學以及中央大學的學者為主要；其中北京大學的傳斯年教授擔任臺灣大學校長，並且與中央研究院展開合作的關係，於是北京大學的勢力與影響力掌握了台灣主要的學術市場。所以説當時的台灣大學有著北京大學的影子；這一直發展到一九八○年代後期。因為台灣文化本土化勢力抬頭，台灣大學也隨之台灣學術本土化了。

　　台灣大學學術本土化之後，其學術地位仍然居高不下。台灣大學秉承學術自由，學術獨立的基本精神，其在學術上的貢獻仍深深地被肯定。台灣大學學術本土化與國際化是其學術發展的特色。這個學術發展方向與亞太地區的香港大學、新加坡大學、廈門大學、澳門大學等在學術基本方向上是相似的；他們學術發展的精神是實事永是、解放思想，並且以求真務實為本位的。換言之，亞太地區的學術發展多少受到「入世」儒家文化的

影響，期盼能做到「學術之重鎮」和「國家之干城」的雙重目的。

此外，淡江大學國際事務與戰略研究所學術的未來取向大家都很關心。盱衡淡江大學創辦時的文化特質以及二十一世紀的世界文明發展軌迹，如何建構一個以中華文化為主軸的大同社會主義文明的學術，這或許是一個努力的方向。淡江大學國際事務與戰略研究所的學術發展應有立足台灣，胸懷大陸，放眼世界的遠見。

(一)、中華文化救中國

優秀的中華文化可以救中國，而腐朽的中華文化甚至可以禍世界。因為優秀的中華文化能使國家富強、國內和諧、兩岸和解、世界和平；反之腐朽的中華文化可使國家積弱、國人民不聊生、兩岸分裂，進而影響世界的和平。今日台灣海峽兩岸中華文化的交流與合作，期能使中華文化的撥亂反正、去蕪存菁，進而以民族文化振興中華、以民本政治再造中國、以民生經濟富裕神州。

(二)、中華文化使人和諧、中華文明使人幸福

一九七八年改革開放以後中國，鄧小平一言興邦地改變了華夏中國的面貌。它打醒孔家店恢復了中華文化

的要義，並且尊儒敬孔地重視中華文化中的儒家思想。於是三十幾年來中國經濟奇蹟屢現，中國人終於頂天立地而且有尊嚴的站起來了。文化是文明種子，文明是文化的花朵，其中經濟發展是文化邁向文明的保證。文化使人和諧、文明使人幸福。中華文化中的市場經濟是中國經濟發展的動力。市場經濟不是萬能，沒有市場經濟則是萬萬不能。可是政府經濟絕對不是萬能，然而沒有政府經濟亦是不能。台灣經濟發展經驗的民生思想甚值兩岸交流與合作的檢討。

中華文化中的政治發展是民本思想為依歸，它先是要「為民做主」，終將發展成為「以民為主」的政治現實。準此，其已涵蓋了西方的民主思想，但它不等於西方的民主政治。台灣經濟發展之後大力推動地方自治的民主建設，其得失成敗經驗可供參酌。

(三)、富有中華特色的大同社會主義

現階段中國國家發展的方針，對內以和諧取代過去的階級鬥爭，對外則以和平取代過去的輸出革命。這是以中華文化精義為主軸的新思維，此經過了實踐與檢驗，已充分證明了它是中國邁向富強，海峽兩岸邁向和諧，世界邁向和平的真理。中國現代化文明的途徑是要以中華文化為本位，而以孔孟儒家思想為主要的思維方式。其中一九一九年「五四運動」正是要掃除中華文化

的腐朽，因而有「打倒孔家店」的呼聲。經過百年以來的內憂與外患，中國人深知要尋找一個富有中華特色社會主義道路的重要性，然而孔孟思想中的「禮運大同」正是這個問題的答案。

戰略研究的回顧與前瞻：

再論淡江戰略學派之建構

翁明賢（淡江大學國際事務與戰略研究所所長）

摘要：本文首先分析「戰略」的概念、「戰略研究」與「安全研究」的分野，與國際關係理論的關連性。繼而，瞭解「戰略研究」的基本假定與研究途徑、「戰略研究」的歷程，影響當代戰略研究的各項因素。其次，瞭解台灣戰略研究的「質」與「量」的變化，整理出影響台灣戰略研究的內、外部因素，利用 SWOT 分析途徑，提出淡江戰略學派的建構之道。

關鍵字：戰略研究、國際關係理論、戰略學派、淡江戰略學派

一、前言

　　長久以來，「戰略」此一名詞，受到不同程度的解讀，一般軍事專業背景的人認為「戰略」(strategy)就是「軍事戰略」(military strategy)，就是如何「打仗」的代名

詞，非軍事專業的文人研究者，卻強調「戰略」不只是戰場上的運用，還可以在商場上運用，如同「安全」（security）往往也被解讀為「軍事安全」，但是，在全球化下，「非傳統安全」佔據安全事務的主要核心，例如近期的冰島火山爆發，引發火山灰與火山泥，影響歐洲地區的航空業，希臘金融危機，引發全球股市震撼與歐洲區域經濟安全的事實。

　　不過，由於戰略專業研究無法全面普及化，戰略此一術語卻成為「流行話語」，使得「戰略」經常被「誤用」或是「濫用」，認為「戰略」是無所不包，例如在中國社會瀰漫著各種戰略術語，諸如：科教興國戰略、成是發展戰略等等，[1]任何事物只要與「戰略」掛勾，就呈現不同的視野，或是所謂「高人一等」，也造成對戰略學術推廣的窒礙。

　　事實上，雖然戰略學者 Eliot A. Cohen 定義「戰略」（strategy）就是一種：「運用軍事工具來完成政治目標」的事務（the use of military means to serve political

---

[1] 透過淡江大學圖書館之「中國期刊全文數據庫」的查詢，期刊篇名有運用到「戰略」的文章，從 1994-2010 年，總計 3037 頁 60730 篇可以下載的文章。
http://cnki50.csis.com.tw/kns50/Brief.aspx?curpage=4&RecordsPerPage=20&QueryID....(檢索日期：2010/05/06)。

purpose），[2]亦即是在戰場上高階統帥的軍事決策過程，但是，他強調「戰略」也不必「自我設限」，例如，戰場上轟炸目標的選定，可能是一件戰術性或是戰略性決定，端賴是否會造成政治性的後果。同時，平時與戰時的「戰略」是不一樣的，戰略研究者必需將此兩者加以結合，例如：科技創新的種類、軍民關係、財力的分配等等，在平戰時期都有不一樣的效果。[3]

2008 年 5 月 20 日，台灣第二次政黨輪替，國民黨重新獲得執政權，為了改變過去民進黨執政時期，基於「主權爭議」、「意識型態」對立的因素，造成兩岸之間「劍拔弩張」的態勢，馬英九總統提出「不統、不獨、不武」的「維持現狀」戰略，在此戰略下，以「兩岸優先」為思考，推動「活路外交」，開展與中國的協商、交流關係，被在野黨批判為「傾中」，喪失台灣主體性，因此，2010 年元旦，雖然前國安會秘書長蘇起提出「和中、友日、親美」的國際安全戰略，試圖改變上述態勢，但

---

[2] Eliot A. Cohen, "Strategy: Causes, Conduct, and Termination of War," Richard Shultz, Roy Godson and Ted Greenwood editors, Security Studies for the 1990s (Washington, New York, London: Brassey's, 1993), p. 77.
[3] Eliot A. Cohen, "Strategy: Causes, Conduct, and Termination of War," Richard Shultz, Roy Godson and Ted Greenwood editors, Security Studies for the 1990s, p. 77.

是，基於朝野雙方的解讀不同，缺乏共通性語言，引發許多戰略上的論辯，突顯出國家安全戰略的必要性。

另外，為了建構淡江戰略學派，本文必需瞭解目前台灣戰略研究的能量，以及淡江大學國際事務與戰略研究所為主體下的發展過程，如何來支撐此一戰略學派的發展，因此，藉由 SWOT 分析，及其 SWOT 矩陣來加以運用。基本上，SWOT 分析主要針對尚待決定或待計劃的事項，基於組織內部現況的優勢（strengths, S）與劣勢（weaknesses, W），加上外部環境所形成的機會（opportunities, O）與威脅（threats, T），進行綜合性確認與評估，建立一個符合需要的發展政策或策略，強化決策的客觀性與有效性。4

事實上，SWOT 的分析存在幾個相互關連的假設：1. 任何組織無法排除環境因素的影響；2. 環境因素具有可變性與不可變性兩類；3. 如果掌握存在於環境的變數，有利於決策的制訂；4. 由於環境因素複雜，必需制訂多項備用策略；5. 透過理性分析可以選取較佳的策略。5

---

4 葉連祺，「國民中小學運用 SWOT 分析實務之革新」，《國立編譯館館刊》，民國 94 年 3 月，第 33 卷，第 1 期，頁 47。
5 葉連祺，「國民中小學運用 SWOT 分析實務之革新」，《國立編譯館館刊》，前揭文，頁 47。

表一：SWOT 分析一覽表

S：優勢	W：弱點
O：機會	T：威脅

資料來源：筆者自製

　　由於 SWOT 的分析主要考量組織所處的概況,蒐集過去的績效與表現的資料,思考未來的願景或是期望,最後為「策略」的擬定,換言之,目標確認→環境分析→時間考量→策略訂定,四者形成因果關係,貫穿整體SWOT 分析的歷程。[6]至於 SWOT 運作步驟包括:1.組成分析團隊;2. 確定分析主題;3. 收集組織內部的優勢與劣勢資訊;4. 蒐集組織外部機會與威脅資訊;5. 逐項分析四個項度因素的交互影響;6. 研擬可行的因應策略;7. 排定策略執行的優先順序;8. 評估實施成效。[7]

　　其中,第 5 項主要在於分析 S-O、S-T、W-O、W-T四類因素的交互作用,透過主觀思考,評定其重要性,標出特別重要項目,瞭解對於主題的正面與負面的影響。至於第 6 項,針對 S-O 等四項交互作用,提出一套

---

[6] 葉連祺,「國民中小學運用 SWOT 分析實務之革新」,《國立編譯館館刊》,前揭文,頁 48。

[7] 葉連祺,「國民中小學運用 SWOT 分析實務之革新」,《國立編譯館館刊》,前揭文,頁 48-49。

可行的因應策略，一般 S-O 策略在於強化與結合組織內部優勢與外在機會，增加競爭優勢；S-T 策略在於避免或是減少，亦即運用組織的優勢，減少外部環境的威脅；W-O 在於修補或是忽視，透過外部機會，改進內部既有的弱點；最後，W-T 策略在於弱化，減少內部弱點與避免外部環境威脅所形成的衝擊。

表二：SWOT 分析矩陣表

項目	S：優勢	W：弱點
O：機會	SO：優勢與機會：策略	WO：弱點與機會：策略
T：威脅	ST：優勢與挑戰：策略	WT：弱點與威脅：策略

資料來源：筆者自製

　　總之，本文研究的主要目的，在於瞭解「戰略」的實質意涵為何？一般流行的「策略」、「謀略」與「決策」和「戰略」的區隔何在？又「戰略研究」、「安全研究」與「國際關係」之間的關連性如何？其次，分析「戰略研究」的主要假設、命題，歷史發展的歷程，從中發覺其主要特色。繼而，瞭解台灣現階段戰略研究的「質」與「量」的變化，包括：研究單位、學術機構、出版專書、期刊與學術論文的概況，從而整理出影響台灣戰略研究的內、外部因素，利用 SWOT 分析途徑，瞭解台灣戰略研究的優勢、劣勢、機會與威脅，藉由社會建構主

義的「集體身份」主導利益與政策的推動，提出淡江戰
略學派的建構之道。

二、戰略與戰略研究相關概念分析

何謂「戰略」（strategy）？又何謂「戰略研究」
（strategic studies）？是一個相當複雜的課題，如同如
何去解釋「安全」（security）也充滿著模糊性與不確定
性。基本上，strategy 一詞，翻譯為「戰略」，亦有不同
社會學科將之翻譯為「策略」，源自古希臘軍團（stratos）
與領導（agein）[8]，在西元前 508 年，雅典有十個新組
成的部落，每一個部落的領導稱之為 strategos，表明當
時軍事決策的日趨複雜，贏得戰爭除了個人英雄行為之
外，最重要在於協調不同單位，進行緊密的結合。[9]一言

---

[8] Stephen Cummings, "Pericles of Athens-drawing from the
essence of strategic leadership," Business Horizons, vol. 38,
Issue 1, 1995, Jan/Feb., pp. 22-27.轉引自羅伯特·格雷坦
（Robert F. Grattan）原著，林宜瑄譯，《策略過程：軍事
商業比較》（台北：國防部部辦室，民 96），頁 66。
[9] Stephen Cummings, "Pericles of Athens-drawing from the
essence of strategic leadership," Business Horizons, vol. 38,
Issue 1, 1995, Jan/Feb., p. 23,轉引自羅伯特·格雷坦（Robert
F. Grattan）原著，林宜瑄譯，《策略過程：軍事商業比較》（台
北：國防部部辦室，民 96），頁 66。

之，擔任 strategos 的人，除了要有智慧以外，還必需要有實戰經驗。

鈕先鍾在其「西方戰略思想史」一書中，首先提出「戰略」此一名詞的「悠久歷史和複雜的內涵」，同時具有「先天的高度模糊性」。[10]因為戰略觀念的內涵隨著時代的進展，具有下列三種初步認識：1. 戰略是智慧的運用，例如，孫子兵法所言：「上兵伐謀」，所以戰略是「鬥智之學」或「伐謀之學」；2. 戰略所思考的範圍僅限於戰爭，不包括戰爭以外的事務，此亦為戰略（strategy）在翻譯上在「略」之前加上「戰」的思維；3. 在戰爭中主要使用「武力」，意即「兵」的概念，是以戰略稱之為「兵學」，就是一種「用兵之學」或是「作戰之學」。[11]

基本上，戰略是一種決策的整體過程作為，也是一種國家體制與其環境之間的關係，並有如下的五點特徵：1. 戰略是一種有意圖性的思考，是一種長期性有計畫，以完成某些既定目標的思考；2. 針對國家面臨的環境與其他國家行為體的考量與作為，戰略是一種可操作性的行動；3. 戰略抉擇是一種系統性的思維，而非只是一件有組織的行動，有系統的政策作為表明今日的決策行為，會直接影響明日的國際困境發展；4. 戰略抉擇是包含辯證性意涵，他假裝一個存在的敵人，或是虛擬一

---

10 鈕先鍾，《西方戰略思想史》（台北：麥田，民84），頁14。
11 鈕先鍾，《西方戰略思想史》，頁16。

個對手，並思考如何因應之道；5. 戰略抉擇是一種政治
性的行動，因為他涵蓋更高價值的優先順序問題，諸如：
安全、福祉、人權及其他抽象與具體的渴望事物，政治
價值一方面是國家的基本需求，另一方面也是一種國家
可分配的事物。[12]

表三：戰略定義一覽表

學者	定義
克勞賽維茲（Carl von Clausewitz）	戰略是基於戰爭的目標運用各種方式的過程；
毛奇（Von Molke）	戰略是一種在將領安排之下，運用實際有效資源，基於完成戰爭目標的作為；
李德哈特（Liddel Hart）	戰略是一種分配、運用軍事工具來完成政策目標的藝術；
薄富爾（Andre Beaufre）	戰略是武力的辯證藝術，更加確切的是一種兩個敵對意志使用武力來解決紛爭的辯證關

[12] Stephen J. Cimbala edited, *National Security Strategy – Choices and Limits* (New York: Praeger Publishers, 1984), pp. 1-3.

	係；
弗斯特（Gregory D. Foster）	戰略是權力的最終有效的實踐；
沃黎（J. C. Wylie）	戰略是一種行動方案，被設計來完成某種目的；一種連結各種為了達到目標的一系列方法；
默立與葛林斯磊(Murray and Grimslay）	戰略是一種基於條件與世界環境變化的一種適應過程，在此過程中，存在機會、不確定性與模糊性；
奧斯古德（Robert Osgood）	戰略不可以視為僅僅是一種運用武力脅迫的萬全計劃，應該是結合權力的不同面向：經濟、外交、心理等，來協助對外政策，亦即是一種最為有效的 overt, covert and tacit means 資源；

資料來源：Baylis , John, James J. Wirtz, Colin S. Gray and Eliot Cohen. Editors. Strategy in the Contemporary World. An Introduction to Strategic Studies. Second Edition (Oxford: Oxford University Press, 2007), p.5.

　　總結根據上「表三：戰略定一覽表」瞭解，克勞賽

維茲、毛奇、李德哈特、薄富爾等人著重在戰略的狹義解釋，亦即戰爭的主軸在於軍事武力的使用。此點顯示出戰略的原始涵義就是希臘用語：「將道」（generalship）。其次，弗斯特、奧斯古德兩人的定義在於「權力」（power）的行使，默立與葛林斯磊著重於戰略型塑時的「過程」（process）。

不過，Collin S. Gray 認為戰略是一種「橋樑」，扮演軍事權力與政治目的之連結工作。[13]（Strategy is the bridge that relates military power to political purpose; it is neither military power per se nor political purpose）同時，戰略的使用為一種「武力性質」，以及威脅使用武力，來達到政治的目的（By strategy I mean the use that is made of force and the threat of force for the ends of policy）。[14]

此外，除了「戰略」的用語之外，亦有「大戰略」（Grand Strategy）的概念，此一概念為英國軍事思想家李德哈特（B.H. Liddell Hart）首先提出來，他將「大戰略」定義為：一種最高層次的戰略，其功能在於安排、運用、協調與指導一個國家與其盟國之間所有軍事、政治、經濟與精神資源，完成其基本政策所規定的戰爭之

---

[13] Colin S. Gray, Modern Strategy (New York: Oxford University Press, 1999), p. 17.

[14] Colin S. Gray, Modern Strategy, p. 17.

政治目的。[15]是以，根據 Luttwark 的觀點，「大戰略」可以視為：「軍事互動之間垂直的匯流關係，構成戰略制訂的垂直層面，加上影響戰略制訂的外在因素」(grand strategy may be seen as a confluence of the military interactions that flow up and down level by level – forming strategy's vertical dimension – with the varied external relations that form strategy's horizontal dimension at its highest level.[16]

事實上，一般人往往會將「大戰略」與「國際戰略」(International Strategy) 混淆，中國學者王緝思認為「國際戰略」相當於美國研究的「大戰略」(The Grand Strategy)，一個國家的國際戰略必需包括：何者為國家的核心利益？針對此一核心利益的主要外部威脅來自何方。[17]亦即討論「大戰略」或是「國際戰略」，必然牽涉到其他周邊國家的戰略思維與政策。

---

[15] B. H. Liddell Hart, Strategy, 2nd revised edition (New York: 1967), pp. 335-336.轉引自時殷弘，國際政政一理論探索、歷史概觀、戰略思考（北京：當代世界出版社，2002.9），頁 472-473，註解 1。

[16] Edwark N. Luttwark. Strategy – The Logic of War and Peace (Cambridge, Massachusetts: The Belknap Press of Harvard University Press, 1987), p. 179.

[17] 王緝思，「關於構築中國國際戰略的幾點看法」，《國際政治研究（北京 》，2007 年第 4 期，頁 1。

因此，廣義的「戰略研究」則是超越軍事與安全戰略的範疇，直接與間接影響軍事與安全的「問題領域」登是研究的範圍。朱鋒認為，廣義的戰略研究就是「大戰略」，其主要核心還是考量在「硬實力」與「軟實力」之下，獲得可能爆發的戰爭之勝利，或是有效保障國家的安全。[18]

至於「策略」一詞，在商業上與軍事上都有相同的意義，策略的意涵表達某種可辨識的人類行為，此一名詞廣泛使用在各種活動上，例如：商場、戰場、運動場或是遊戲中。[19]一般商業界經常引用「孫子兵法」所論述的戰爭的原則，主要在於「規劃」的重視程度，例如：「始計篇」中所強調：「夫未戰而廟算勝者，得算多也。未戰而廟算不勝，得算少也。多算勝，少算不勝，而況無算乎！吾以此觀之，勝負見矣。」[20]一般強調「商場」

---

[18] 朱鋒，「戰略研究：問題的選擇與范式的更新」，《國際政治研究（北京）》，2007 年第 4 期，頁 42。

[19] 羅伯特·格雷坦（Robert F. Grattan）原著，林宜瑄譯，《策略過程：軍事商業比較》，頁 20。事實上，亦有人將「策略」稱之為「謀略」，例如：張國浩，不戰而勝－孫子謀略縱橫。台北：正展，民 88。

[20] 參考魏汝霖，《孫子兵法今註今譯》。修訂本。台北：台灣商務印書館，民 73；鈕先鍾，《孫子三論：從古兵法到新戰略》。台北：麥田出版，民 85；褚良才，孫子兵法研究與運用。浙江：浙江大學出版社，2002。

如「戰場」，商人追求「經濟利益」，是一種相對利得，可以「積少成多」，只要有「資本」，有「東山再起」的時候，但是，戰場上則是「零和遊戲」，只要輸了，就一切歸零。

事實上，「策略」與「決策」又有其關連性，「決策」通常被解讀為：「人類事務在發展過程中出現的間斷、或可界定的時間點一人類必需於此時做出抉擇。」[21]同時，「策略」的目的在於達成組織的目標，或使其「獲勝」的方案，反之，「決策」的價值端賴於組織對於預定標的或是目標的滿足程度，此一過程是否引導行動方案的抉擇，可以從是否符合最佳決策的程度來驗證。[22]

總之，相對於軍事戰略的發展過程，商業策略制訂理論的過程中，產生一系列的「典範」，提供研究者有組織、有系統的思考主題。策略制訂的過程主要基於人類所處的環境與組織的複雜性與不確定性，如何採取最適當的行動來達成目標，因此，策略一詞具有以下五個特性：1. 策略必需務實；2. 策略與決策有關，表示從眾多選項當中的選擇；3. 策略是全盤性的，必需掌握相關的因素；4. 要從歷史環境來瞭解策略的意涵；5. 策略

---

[21] 羅伯特·格雷坦（Robert F. Grattan）原著，林宜瑄譯，《策略過程：軍事商業比較》，頁163。

[22] 羅伯特·格雷坦（Robert F. Grattan）原著，林宜瑄譯，《策略過程：軍事商業比較》，頁163。

是取得競爭優勢與成功之道。[23]

三、戰略研究、安全研究與國際關係理論

　　國際關係理論下涵蓋各種學派與理論，「安全研究」（security studies）屬於次領域部分，從其下層面可以區分為：「國際安全」、「區域安全」與「國家安全研究」等；不過，因為「安全研究」涉及軍事與非軍事能力的運用，有時與「戰略研究」相互重疊，產生界線不清之處。主要是，後冷戰時代以來，威脅的種類與程度有所改變，和平與戰爭無法區分，所謂「安全」（security）概念，也被加以擴大，鈕先鍾認為，安全不僅包括國家安全、區域安全與全球安全，因此，戰略所涵蓋的範圍除了軍事以外，非軍事權力因素也被涵蓋在內，因為戰略家關心的課題除了戰爭還有和平，不僅是「比權量力」更是「鬥智伐謀」，除了準備戰爭，更要預防戰爭、消滅戰爭，以及創造永久的和平。[24]

　　事實上，「戰略研究」（strategic studies）首先出現於 1958 年「倫敦國際戰略研究所」（The International Institute for Strategic Studies, IISS）第一任所長布強（Alastair Buchan），當時他定義「戰略研究」為：「對

---

23 羅伯特·格雷坦（Robert F. Grattan）原著，林宜瑄譯，《策略過程：軍事商業比較》，頁 89-90。
24 鈕先鍾，西方戰略思想史，頁 566。

於在衝突情況中如何使用武力的分析」(The analysis of
the use of forces in conflict situation),[25]亦即當時的「戰
略研究」僅僅侷限於軍事戰略的範疇。另外,美國空軍
所贊助成立的藍德公司 (RAND Corporation),應該是
最早從事戰略研究的專責機構,最初僅從事政府專案研
究,後來成立獨立研究機構,再將戰略研究引入校園。[26]

「戰略研究」(strategic studies) 根據美國學者科
恩 (Elliot Cohen) 認為「戰略研究」是:研究如何準備
和使用軍事力量來服務於政治的目的。「戰略研究」的分
類,區分為狹義與廣義之分,在狹義方面是指「軍事戰
略研究」與國際事務中的「軍事安全研究」;亦可包括:
防務戰略研究、國家安全戰略研究、區域安全戰略研究
與國際安全戰略研究。[27]

至於為何要進行「戰略研究」,從二十世紀五十年代
以來,「戰略研究」日益受到重視,鈕先鍾提出四個「戰

---

[25] Philipe Garique, "Strategic Studies as Theory," The
Journal of Strategic Studies, December 1979, p.277, 轉引
自鈕先鍾,《戰略研究入門》(台北:麥田出版,1998),頁
46。亦請參見:鈕先鍾,《現代戰略思潮》(台北:黎明文化,
民 78,再版),頁 239。
[26] 鈕先鍾,《現代戰略思潮》,頁 240。
[27] 朱鋒,「戰略研究:問題的選擇與范式的更新」,《國際政治
研究 (北京 》,2007 年第 4 期,頁 42。

略研究」的基本目的與理由：1. 求知；2. 改進政策；3. 創造權力；4. 引導歷史。[28]不過，由於「戰略研究」領域的擴大，造成一些困境問題，最顯而易見者為「同行之間在意見溝通上會發生困難，並因此而引起誤認或曲解」，[29]因此，從事理論研究與人才教育者之間，應該建立一種「共識」，亦即在進行研究與教學工作之前，在思想領域方面建立共同觀念，以作為基線，鈕先鍾認為必需具有四大意識：1.國家意識；2. 功利意識；3. 理性意識；4. 憂患意識。[30]

　　至於，「戰略研究」是否是一個學科領域，為何在二次戰後成為一個新興、獨立學科，主要基於下列四點時代環境的需求：1. 核武時代開啟戰略領域的許多問題，必需要有新的觀念來解決複雜的新問題；2. 要解決新問題，涉及新的人才培育，現代戰略研究的發展，「文人戰略家」扮演重要角色，除了職業軍人以外，非軍事專長者投入戰略研究眾多；3. 文人戰略研究者將新的理念引入戰略領域，運用新的方法與工具來解決問題；4. 在此種趨勢下，戰略研究朝向集體化方向，讓戰略研究更加分工化與專業化。[31]

28　鈕先鍾，《戰略研究入門》，頁 310-322。

29　鈕先鍾，《戰略研究入門》，頁 70。

30　鈕先鍾，《戰略研究入門》，頁 71-92。

31　鈕先鍾，《戰略研究入門》，頁 49-50。

Richard Wyn Jones 批判 Barry Buzan 關於戰略研究的本質，強調軍事層面的必要性。所以，從學科分野的角度言，Buzan 認為「戰略研究」應該是「國際安全」（international security studies）下的「次學科」（subset），其上為國際關係研究。[32]一般對 Buzan「戰略概念化」（conceptualization of strategy）的批判，在於其太過於狹隘，相當諷刺的是，大部分對其專書（People, States and Fear）的批判在於他將安全的概念過於廣化的操作。[33]

因此，鈕先鍾借用經濟學者包爾丁（Kenneth Boulding）提出一個新學科的建構標準：「它是否已有一個書目（bibliography）？你能否在其中開設課程？你能否就其內容舉行考試？不過也許吾應該加上第四項標準：它是否已有任何專門化的期刊？如果這四項條件都能符合，則其取得學科的地位即應屬毫無疑問。」[34]事

---

[32] Richard Wyn Jones, Security, Strategy, and Critical Theory (Boulder, London: Lynne Rienner Publishers, 1999), p. 129.

[33] Richard Wyn Jones, Security, Strategy, and Critical Theory, p. 129.

[34] Kenneth Boulding, "Future Directions in Conflict and Peace Studies," Journal of Conflict Resolution, Vol. 22, 1978, pp. 343-344，轉引自：鈕先鍾，戰略研究入門，頁 53，註解 7。

實上，Barry Buzan 認為從 1950 年代以來核子武器的出現讓戰略研究成為一個特殊的學科（a distinct field），之後，基於科技、衝突與政策的快速發展，新武器諸如：巡弋飛彈改變戰爭型態等等，使得三十年來戰略研究叢書如雨後春筍的出現。[35]同時，「戰略研究」也應該採取「科技整合」（interdisciplinary perspective）途經進行分析，換言之，為了瞭解戰略的層面，必需瞭解政治、經濟、心理、社、地理，以及科技等因素。[36]

　　基本上，「戰略研究」與「國際關係」密不可分，是國際關係的重要組成部分（請參看下圖一：戰略研究相關研究隸屬關係圖），一方面，沒有戰略研究的國際關係，很難分析國家之間的許多真實現象，同樣的，戰略研究如果離開國際關係領域，其分析的主軸只能侷限於國家之間的衝突要素，無法展現國家關係的整體性。[37]因此，戰略研究主體在於思考「軍事戰略」（military

---

[35] Barry Buzan, An Introduction to Strategic Studies – Military Technology and International Relations (London: Macmillan Press, 1987), p.1.

[36] Baylis , John, James J. Wirtz, Colin S. Gray and Eliot Cohen. Editors. Strategy in the Contemporary World. An Introduction to Strategic Studies, p. 5.

[37] Barry Buzan, An Introduction to Strategic Studies – Military Technology and International Relations , p. 3.

strategy）, 對於戰略研究者言, 透過武力為運用工具,
瞭解國際體下的衝突問題, 主要滿足國家的政治目標。
[38] 。

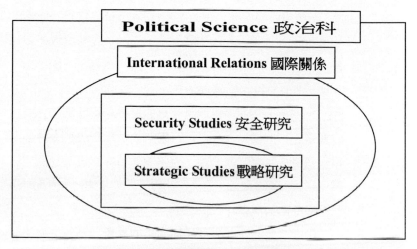

圖一：戰略研究相關研究隸屬關係圖

資料來源：Baylls , John, James J. Wirtz, Colin S. Gray
and Eliot Cohen. Editors. Strategy in the Contemporary

---

[38] 其原文為：" the means to be shaped are military ones, the
field of conflict is the international system, and the end are
the political objectives of actors large enough to register as
significant in the international context", 請參見：Barry Buzan,
An Introduction to Strategic Studies – Military Technology
and International Relations , p. 3.

43

World. An Introduction to Strategic Studies. Second Edition
(Oxford: Oxford University Press, 2007), p.5.

　　同時，Buzan 特別指出戰略研究重點在於國家之
間，在政治關係中運用武力（the use of force in political
relations），此時，「使用」（use）一詞，表明採取「威
脅」（threats）與及在「戰場上部署」（deployment on
battlement），因此，「戰略研究」是一種「武力工具」（the
instruments of force），透過武力的配置來影響國家之間
的關係。[39] 總之，「戰略」的概念，以及對於武力的使
用，使得「戰略研究」與「國際關係」有所區隔。國際
關係則是涵蓋：政治、經濟、社會、法律與文化的互動，
和軍事層面的議題。

　　中國的戰略研究受到三個因素的影響：第一、保證
實現對蘇聯與社會主義國家全面遏制戰略的需求，或是
為了保障當時美國最重要的國家對外戰略需求；第二、
第二次大戰後，西方戰略研究興起的主因在於科學技術
在國際關係與外交政策中的重要影響；第三、國際局勢
的劇烈變化而不斷興起戰略性課題。[40]因此朱鋒認為：

---

[39] Barry Buzan, An Introduction to Strategic Studies –
Military Technology and International Relations , p.4.
[40] 朱鋒，「戰略研究：問題的選擇與范式的更新」，《國際政治
研究（北京 》，2007 年第 4 期，頁 42-43。

「戰略研究在美國始終是保持美國超級大國地位，幫助美國贏得軍事競爭優勢，研究美國實現國家利益目標時最好的、多樣的政策選擇，實現美國世界領導地位長期化和國家競爭能力不受削弱的關鍵學問。」[41]

另外，朱鋒認為，戰略研究者應該根據當代國際關係的技術特徵、緊密聯繫動態的國際關係現實，根據中國本身基本戰略需求與戰略更新的需要，針對不同領域的問題提出具有戰略性、高質量的研究成果與對策分析，才是中國未來戰略研究發展的方向。[42]一言之，「戰略研究」為屬於國際關係研究的次領域，必需重視研究性質的「實證性」與「規範性」，同時，也要強化一般軍事知識、科技發展與戰略研究的基礎理論。

四、戰略研究的歷史發展

戰略研究的歷史淵源流長，與人類存在的時間相關連。對戰略研究產生興趣，是與時代的輪迴與歷史的反應有密切的關係。[43]吾人必需回顧冷戰初期，各國領導

---

[41] 朱鋒，「戰略研究：問題的選擇與范式的更新」，《國際政治研究（北京）》，2007 年第 4 期，頁 43。

[42] 朱鋒，「戰略研究：問題的選擇與范式的更新」，《國際政治研究（北京）》，2007 年第 4 期，頁 43。

[43] 參考：Williamson Murray, Macgregor Knox, Alvin

人、政治家與政府官員，與及學術研究者面對核武時代，都集中關注於如何獲取「生存」（survive）與「繁榮」（prosper）的安全議題。

以 1930 年代的國際政治經驗為例，當時的「烏托邦式」理念（utopian ideas），使得「集體安全」（collective security）遭遇挫敗，於是「現實主義」（realism）就大行其道，主要基於全球處於無政府狀態，國家之間必需運用「權力」（power）來鞏固其國家利益。尤其在核武恐怖對峙下，各國權力的運作除了增建國家利益之外，也要避免走向毀滅性的核子大戰。當時從 1950-1980 年代，整體「戰略研究」的文獻集中於「嚇阻理論」、（theories of deterrence）、「有限戰爭」（limited war）、「武器管制」（arms control）等課題。[44]

事實上，根據施正鋒的研究結果，[45]顯示「戰略研

Bernstein, editors, The Making of Strategy - Rulers, states, and war. New York: Cambridge University Press, 1994.
[44] 當時重要的戰略研究代表學者，諸如：Herman Kahn, Bernard Brodie, Henry Kissinger, Albert Wohlsteller, and Thomas Schelling etc., Baylis , John, James J. Wirtz, Colin S. Gray and Eliot Cohen. Editors. Strategy in the Contemporary World. An Introduction to Strategic Studies. Second Edition (Oxford: Oxford University Press, 2007), p.2.
[45] 施正鋒，「戰略研究的過去與現在」，施正鋒主編，《當前台灣戰略的發展與挑戰》（台北：台灣國際研究學會，2010.03），

究」的歷史在「冷戰時期」與「後冷戰時期」各有其發展的不同軌道。在「冷戰時期」分成三波：1. 1945-1946年之間，從美國投擲兩顆原子彈於日本的長崎與廣島之後；2. 為美國戰略研究的黃金期，如上所述，整體研究文獻集中於嚇阻、有限戰爭與軍備管制；3. 1971-1981年之間，美國面臨前蘇聯核武的發展，開始思考軍事優勢維持的可行性；其次，在後冷戰時期，戰略研究也區隔為三個循環期：1. 1950 年韓戰爆發後，東、西對峙開始，戰略集中於兩極對抗的影響層面；2. 戰略研究又因為美國卡特政府時期，冷戰再度興起，研究重點在於透過解密文件，進行實證性研究；3. 基於冷戰的結束，戰略研究回到國際關係的基本理論層面，專注於戰爭與和平的辯證關係。

事實上，1990 年代以來是一個充滿冷戰後，分享「和平紅利」（peace dividend）的時代，加上，資訊革命進入消費者與商業文化之中，讓戰略研究的基本假設與命題面臨挑戰。戰略研究者的基本想定：國家為中心、軍事權力的運用為思考等概念，被新興的烏托邦學者（utopian scholars）視為是一種國際安全本身的問題。戰略研究者被視為是一個「恐龍」（dinosaurs），腦中充滿「舊思維」（old thinking），無法體會新時代的發展，

頁 1-48。有關「參、戰略研究的發展」，頁 10-14。

在世界政治上，武力已經失去其效用。[46]同時，必需面
對一些研究者強調「安全研究」的「深化」（deepened）
與「廣化」（broadened）例如：「哥本哈根學派」認為
安全層面應該擴大為：政治、經濟、社會與環境安全等
層面。如同日本很早就提倡的「綜合安全」概念，後來
在東南亞地區形成「合作安全」與「共同安全」的發展。

　　Ronnie D. Lipschutz 強調安全的概念必需要重新
概念化，必需要自我解答下列問題：1. 何者的安全被確
保（What is it that is being secured）？2. 哪些要件構
成安全的態勢（What constitutes the condition of
security）？3. 安全理念如何進入公眾辯論與實質領域
（how do ideas about security develop, enter the
realm of public debate and, eventually, become
institutionalized in hardware, organizations, roles, and
practices）？[47]根據 Barry Buzan, Ole Waever, Jaap de
Wilde 等人編輯的 Security: A new Framework for
analysis 一書，強調「安全化」（securitization）的研究

---

[46] Baylis , John, James J. Wirtz, Colin S. Gray and Eliot
Cohen. Editors. Strategy in the Contemporary World. An
Introduction to Strategic Studies, p.3.
[47] Ronnie D. Lipschutz, "On Security," Ronnie D. Lipschutz
editor, On Security (New York :Columbia University, 1995),
pp. 1-2.

途徑,一國安全包括五個面向:「軍事」「環境」「經濟」、「社會」與「政治」等層面。[48] 同樣的,「戰略研究」也面臨上述三個必需要自我解答的問題,為誰而「戰略」的問題?必需要兼顧更多非傳統軍事的議題,對於國家戰略設定的牽制問題。

到了 1990 年代中期,針對傳統現實戰略研究觀點的批判,「安全研究」(security studies) 蔚為學術論戰的主流,他們專注於安全的本質、如何從個人、社會、全球層面強化更大的安全,有所不同於冷戰時期只有以國家為中心,重視軍事安全為主。尤其是冷戰的終結,改變了現實主義傾向的研究文獻,和平研究成為顯學,軍事不再成為安全研究的主體。[49]

不過,冷戰的終結並不因此帶來世界的終極和平,第一次波灣戰爭、南斯拉夫共和國的解體、非洲地區的種族戰爭,在在顯示不能忽視「軍事武力」在當代世界政治所可以扮演的角色。加上,後續 2001 年「蓋達基地組織」(Al Qaeda) 恐怖攻擊美國紐約世貿雙星大樓

---

[48] Barry Buzan, Ole Waever, Jaap de Wilde, editors, Security: A new Framework for analysis. London: Lynne Rienner Publishers, 1998.

[49] Baylis , John, James J. Wirtz, Colin S. Gray and Eliot Cohen. Editors. Strategy in the Contemporary World. An Introduction to Strategic Studies, p.3.

事件,使得安全研究學術界不得不正視所謂的:「太強調安全研究的文獻,會導致非軍事安全的研究結果」(too much emphasis in security studies literature had been given to non-military security)。[50]

總之,「戰略研究」在後 911 時代,基本上呈現另外一個「顯學時期」,主要在於美國針對恐怖攻擊,進行「全球反恐戰爭」(Global War on Terror)的戰略態勢,陸續發動阿富汗戰爭與第二次波灣戰爭,之後,阿富汗與伊拉克境內的恐怖主義攻擊並沒有停歇,軍事力量的運作無法停止,只是更強化其他「非戰爭軍事行動」(Military Operation other than War, MOOTW),來彌補軍事力量未及之處。因此,對於以軍事為主軸的狹義戰略研究,以廣義角度的戰略思考,仍舊成為國際關係學界的重要課題。

五、戰略研究的基本內涵

既然「戰略研究」、「安全研究」與國際關係理論三者之間關係密切,「戰略研究」自然汲取國際關係的相關學派的論述要點。根據 Baylis 等人的理解,戰略的基本

---

[50] Baylis , John, James J. Wirtz, Colin S. Gray and Eliot Cohen. Editors. Strategy in the Contemporary World. An Introduction to Strategic Studies, p.3.

假定（assumptions）與現實主義（realism）有密切關係，可以從「人性」（human nature）、「無政府文化」（anarchy）與「權力」（power）的角度來分析。另外，也可以從「國際法」（International Law）、「道德」（morality）與「組織」（institutions）的立場思考戰略研究的本質。[51]

首先，現實主義者認為「人性本惡」，不管人類如何改變其相處的態勢，涉及到人性本質時，衝突無法避免。是以，現實主義不屬於於「規範性理論」，認為必需要消滅世界政治中的惡，戰略就是一個很好的途徑與工具。其次，現實主義強調國際社會是一個無政府狀態，沒有高於任何國家的權威存在，是以，國家之間的自保之道就是「自救」（self help），透過「權力」來獲得更多的「權力」，會是因此得到更多的國家利益與國家安全。所以，現實主義認為「權力」就是一種有形力量的體現，任何一個國家要生存與發展，都必需要重視權力的獲得，而「戰略研究」就可以達到此種目標。

不過，「戰略」如同 Bernd Brodie 所言：「戰略理論是一個行動的理論」（Strategic theory is a theory of

---

[51] Baylis , John, James J. Wirtz, Colin S. Gray and Eliot Cohen. Editors. Strategy in the Contemporary World. An Introduction to Strategic Studies, pp.7-8.

action）。[52]因此，根據美國陸軍戰院（US Army War College）出版的專書點出，戰略（strategy）是目的（ends）、方法（ways）與工具（means）三者之間計算之後的相互關係，「目的」或「目標」為（ends are the objectives or goals sought），「工具」為（means are the resources available to pursue the objectives ），而「途徑」（ways are the concepts or methods for how one organizes and applies the resources），三者之間型塑以下三個問題？首先，國家要完成何種目的？（What ends do we want to pursue?）其次，運用何種工具來追求此目標？（With what means will we pursue them?）及運用何種方式來達成此目的？（And how ways will we pursue them?）[53]。

因此，中國學者梅然提出，戰略的制定、執行、評估與修正是一個衝突性的政治進程，沒有一個國家針對上述進程，採取事先精細、連貫並獲得高度認同的設計。一方面，本國的戰略舉措與對手的反應或國際環境的反應之間的衝突，外環境的回應，超出戰略決策者的預期；

---

[52] 轉引自 Baylis , John, James J. Wirtz, Colin S. Gray and Eliot Cohen. Editors. Strategy in the Contemporary World. An Introduction to Strategic Studies, p.5.

[53] Max G. Manwaring , Edwin G. Corr, and Robert H. Dorff edited, *The Search for security*, op. cit, p. 128.

另外，影響戰略進程的國內利益集團、組織機構與決策者之間：在價值觀念、利益取向與行為方式的衝突，外部與內部的衝突相互映設關係。[54]

　　同時，戰略思維時也要注意兩個課題，其一、如果進行戰略思維評估時，最重要的是確定「目的」為何？其二、在確定目的之後，選擇適宜的「目標」(proper objective)，比選擇恰當的方法與工具更為重要，因為戰略思考的關鍵點不只是一種「效率」的追求 (efficiency: doing things right)，同時，更加重視「有效性」的問題 (effectiveness: doing the right things)，所以安全戰略的型塑過程，最重要的核心思考在於：「先去理解未來我們前往的方向，我們運用何種工具來達到該目的，以及如何最佳的運用那些工具，盡可能的有效率與有效的達到該目的」(to figure out where we need to go, what means we have to get us there, and how best to use those means to get there as effectively and efficiently as possible)。[55]

　　Collin S. Gray 認為戰略的層面包括三個：第一、「人員與政策」(People and Politics)：包括，人員、社會、

---

[54] 梅然，「國際戰略實踐、『戰略躁動症』與軍事研究」，《國際政治研究（北京）》，2007 年第 4 期，頁 44。

[55] Max G. Manwaring , Edwin G. Corr, and Robert H. Dorff edited, *The Search for security*, op. cit, p. 129.

文化、政策與倫理；第二、「備戰」(Preparation for War)，包括，經濟、後勤、組織（防衛與武力計劃）、國防行政（徵召、訓練、武器）、情報與資訊、戰略理論與準則、科技；第三、(War Proper)：涵蓋，軍事行動、指揮（政治與軍事）、地理、摩擦（機會與不確定性）、對手、與時間。[56]

　　Collin S. Gray 強調「戰略」的重要性在於，如果忽略「防衛計劃」(defense planning) 與「戰爭指導」(conduct of war) 方面，就如在棋盤上沒有「國王」此一棋子，絕無勝算的可能。失敗的戰略經常不是因為忽視戰略，一個戰略家必需要有一個明確的政治目標，才能如同管弦樂團的演奏家一樣充分指揮。(A strategist can only orchestrate engagements purposefully for the political objective of the war if the war has a clear political objective.)。[57]

　　另外，基於戰略所顯現的「藝術的藝術」(art for art's sake) 的特質，戰略是一門值得研究的學科，同時，瞭解歷史知識為研讀戰略的必要條件，因為戰略研究不僅是一門學科，亦可以實際運用於日常生活中，戰略教育者應該讓學生瞭解「戰略決策」的本質，如何進行「戰略決策」的過程，如何按照「本性」(instinct) 來提出

---

[56] Colin S. Gray, Modern Strategy, p. 24.

[57] Colin S. Gray, Modern Strategy, p. 44.

對的問題，是一種針對情勢的戰略邏輯思考。[58]

　　每一個戰略教育者都必需理解受教者的背景，是否瞭解當代二十世紀歷史的發展，尤其是軍事史的走向，如此才可讓戰略學習者不要受限於單一項目，更加多元性來理解戰略。如果受教者沒有上述的歷史背景，整體戰略課程就應該強調編年史的學習架構。如果學生是來自軍方，其學經歷背景如何。這些學生必需從新思考批判性的瞭解軍事命令的決策過程，或是壓抑天生以來對於政客的不屑思考。[59]

　　一般戰略課程的教授內容不外以下四種：1. 歷史性：透過理解從法國大革命以來至今的戰爭史；2. 主題式：從非歷史層面，去分析一些過去專題，延續到當代的問題，從戰爭理論的角度加以解析上述課題的內涵；3. 插曲式：透過案例分析，或許透過比較簡易的編年方式，來分析較大的議題；4. 導向式：透過一個戰役，例如第二次世界大戰，來提出持久性不變的議題加以討

---

[58] Eliot A. Cohen, "Strategy: Causes, Conduct, and Termination of War," Richard Shultz, Roy Godson and Ted Greenwood editors, Security Studies for the 1990s, p. 80.

[59] Eliot A. Cohen, "Strategy: Causes, Conduct, and Termination of War," Richard Shultz, Roy Godson and Ted Greenwood editors, Security Studies for the 1990s, p. 81.

論。[60]事實上，選用哪一個途經來教導研究生，都有其困男性與適用性，端賴受教者的學識背景來加以選擇，才能讓受教者益於進入戰略研究的殿堂。

另外，Eliot A. Cohen 認為不管如何挑選戰略的課題，以下九項內涵應該成為「戰略研究」的主題：1.「戰爭的緣起」(The origins of wars)；2. 「戰爭的工具」(The instrument of war)3. 「戰略與政策的競逐」(The match between strategy and policy)4.「戰略的適切性」(The Adequacy of strategy)；5. 「聯盟戰略與國際環境」(Coalition warfare and international environment)；6. 「軍民關係」(Civil-military relations)；7.「戰略文化」(Strategic Culture)；8. 「戰前計劃與戰時狀態」(Prewar plans and wartime results) 9. 「戰後措施」(Postwar settlement)；[61]主要戰略扮演「軍事工具」(military means) 與「政治目標」(political goals) 之間的橋樑，戰略研究的學生必需

---

[60] Eliot A. Cohen, "Strategy: Causes, Conduct, and Termination of War," Richard Shultz, Roy Godson and Ted Greenwood editors, Security Studies for the 1990s, p. 81.

[61] Eliot A. Cohen, "Strategy: Causes, Conduct, and Termination of War," Richard Shultz, Roy Godson and Ted Greenwood editors, Security Studies for the 1990s, pp. 85-94.

要同時理解政策與軍事運作的知識。一言之，戰略處理相當複雜的國家政策問題，包括：政治、經濟、心裡與軍事方面。一旦與戰略相關事務，就不會僅有軍事議題。[62]

　　事實上，2006 年我國出版第一本「國家安全報告書」，雖然沒有「戰略」形式的字眼，基本上，也符合多面向戰略規劃與設計要點。[63]因此，在大學校園的「戰略研究」相關課程，必需以「科技整合」途徑，從各種不同面來思考戰略的擬定與設計。

六、淡江戰略學派的建構問題

　　何謂學派？何以要建立「淡江戰略學派」，是一個極富挑戰性的問題，也是一件很不容易從事的學術工程。筆者撰寫一篇有關「國家安全戰略研究典範的移轉－建構淡江戰略學派芻議」，[64]初步提出建構「淡江戰略學派」

---

[62] Baylis , John, James J. Wirtz, Colin S. Gray and Eliot Cohen. Editors. Strategy in the Contemporary World. An Introduction to Strategic Studies, pp.4-5.

[63] 參考：國家安全會議編。《2006 國家安全報告（2008 修訂版）》。台北：國家安全會議，2008。

[64] 翁明賢，「國家安全戰略研究典範的移轉－建構淡江戰略學派芻議」，施正鋒主編，《當前台灣戰略的發展與挑戰》(台北：

的芻議理想，基本上，也是從以上有關戰略研究分析的過程中，導引出台灣有此契機，因此，淡江大學國際事務與戰略研究所有此條件來常識此項戰略工程。

　　從國際關係理論與安全戰略研究上，出現許多的研究學派，都有其歷史、地緣、主要領導人與社群的建立。從本體論、認識論與方法論的角度來思考「淡江戰略學派」的議題。首先，從建構主義的基本觀念來分析，所謂「認識論」就是我們是如何之小我們所知道的事物？而「方法論」在於「我們應該怎樣從事獲取知識的活動？」，再者「本體論」就是強調「我們所知道的究竟是什麼？」[65]因此，引伸至建構「淡江戰略學派」的思維，吾人不免要去問下列三個問題：1. 我們所討論的「淡江戰略學派」是什麼？2. 「淡江戰略學派」是由哪些份子組成？3. 而這些組成份子之間是如何相互連結？

　　事實上，根據 Vendulka Kubalkova 所撰寫的一篇有關「學派的建構：學者扮演能動者」"Reconstructing the Discipline: Scholars as Agents"，提出國際關係學派之所能夠在美國成其氣候，變成一個社會關係的能動者，端賴一系列社會關係的交互影響的結果，包括：社會、對外政策、國際社會及其能動者、國際關係理論學

台灣國際研究學會，2010.03），頁 49-104。

[65] 溫都爾卡·庫芭科娃等人主編，蕭鋒譯，《建構世界中的國際關係》（北京：北京大學出版社，2006），頁 15。

派本身、上述教導未來能動者的課程等五項。[66]

又例如：「英國學派」（ The English School ）中的「英國」是指這一流派的大多數跟隨者，都曾經與在英國從事研究。其實，這些學者的背景具有多元化現象，換言之，「英國」一詞所引發的作用，提醒眾人英國學派過去是、現在也是根基於某個歐洲帝國與大國的國際經驗之中。[67]另外，中國學者秦亞青認為國際關係理論「中國學派」有其形成與必然產生的背景，因此提出建構「中國學派」的兩個特色：一、起源於中國的地緣文化語境的理論；二、在發展過程中能夠獲得普遍性的意義。[68]同時，三種中國古代思想與政治實踐淵源激發「中國學派」的形成，其一、儒家文化的天下觀與朝貢體系的實踐；其二、中國近代主權思想與中國革命實踐；第三、中國

---

[66] Vendulka Kubalkova, "Reconstructing the discipline: Scholars as agents," Vendulka Kubalkova, Nicholas Onuf, Paul Kowert, editors, International relations in a constructed world (Armonk, New York: M. E. Sharp,1998), p.194.

[67] 伊弗·B·諾伊曼（ Iver B. Neuman ）、奧勒·韋弗爾（ Ole Waever ）主編，蕭鋒、石泉譯，《未來國際思想大師》（ 北京：北京大學出版社 , 2003) 頁 58。

[68] 秦亞青，「國際關係理論中國學派生成的可能與必然」，《世界經濟與政治》, 2006 年第 3 期，頁 4。參見：http://www.iwep.org.cn/download/upload-files/ms421dn4txiy kbvzemffbvao20071021134542.pdf.(檢索日期；2009/11/29)

的改革開放思想與融入國際社會的實踐。[69]

　　是以，從上述三個「本體論」、「認識論」與「方法論」的三個問題來分析，加上 Vendulka Kubalkova 所撰寫的一篇有關「學派的建構：學者扮演能動者」，提出建立學派的要旨，型塑淡江戰略學派如何能夠建構的緣由。首先，「淡江戰略學派」的建構，必需建立自己的「思想」，主導「理論」的發展，進而形成一套「政策」，能夠符合時代的需求，被社會大眾所肯定，又能夠解決一些國家所面臨的關鍵課題，並能為社會大眾所肯定。因此，「淡江戰略學派」要先自我「定位」，建立發展架構，透過志同道合人，提出自己的「學術主張」共同來推廣。

　　從淡江國際事務與戰略研究所的角度言，「通古今之變」，符合本所的教育宗旨：以「國際事務」為本，藉由「戰略研究」為體，進行國際問題與國家戰略的探討。而「究天人之際」在於瞭解國際間各種行為體的互動過程，是一種相互影響的過程。而「成一家之言」，從淡江戰略所的觀點論述國際事務與戰略問題，都有不同於外界的獨到觀點。

　　另外，淡江大學國際事務與戰略研究所成立於 1982

---

[69] 秦亞青，「國際關係理論中國學派生成的可能與必然」，《世界經濟與政治》，2006 年第 3 期，頁 5-8。參見：
http://www.iwep.org.cn/download/upload-files/ms421dn4txiy
kbvzemffbvao20071021134542.pdf.(檢索日期；2009/11/29)

年，是台灣民間最早成立的戰略研究機構，[70]並可區分為三個階段：第一階段「傳統時期」(1982-1990)：古典中國戰略思想研究時期，在淡江大學創辦人張建邦博士的指導下，從早期蔣緯國將軍、許智偉教授等人奔走，創立淡江戰略研究所，在鈕先鍾、皮宗敢、張式錡、李子弋、孔令晟等戰略研究耆老的戮力經營下，奠定深厚基礎，尤其是鈕先鍾老師著作、翻譯、發表等身，被譽為兩岸戰略研究第一人。

第二階段「多元時期」(1990-2009)：引進西方國際事務與戰略理論階段：聘請國內許多國際關係、國家安全專家學者，使得淡江戰略所跳脫純粹以中國古典戰略研究為基礎的思考與研究途徑。在此一階段強化與國防實務界的合作關係，使得理論與實務更加完整。已經

---

[70] 淡江大學國際事務與戰略研究所是國內歷史最悠久，以國際事務為背景，戰略研究為主體，從事國家安全、軍事戰略、區域安全與國際組織的研究所。當初設立時，教育部對於所之名稱有不同的看法，認為文人學校，尤其是私立大學何以有能力進行軍事戰略的研究，當時不能直接以「戰略研究所」名義，只能以「國際事務與策略研究所」申請籌設研究所，經過一年以後，才更名為目前沿用之「國際事務與戰略研究所」(以下簡稱淡江戰略所)。從 1982 年創所以來，歷經武人主導、軍文並重，到目前以文人為主的研究。淡江戰略所目前開設一般碩士班，1999 年開設碩士在職專班，2006 年開創博士班，形成完整的戰略研究養成體系。

逐漸型塑具有特色的學術風格，是以，淡江戰略學派在此傳統與多元學風，融入創新精神與團隊默契，開啟第三階段的「創新時期」(2010年起)。

　　因此，根據上述本所發展的歷程，目前從第三階段之後的發展，加上 2009 年教育部針對淡江大學與本所的系所評鑑，透過下表來思考本所未來發展，以及開啟淡江戰略學派必需要思考的議題。

表四：淡江戰略學派發展的 SWOT 分析表

S：優勢	W：弱點
1.淡江戰略所歷史最悠久；	1.硬體空間設備不足；
2.整體社會名度最高；	2.專任師資與學分；
3.所內大師級教授眾多；	3.教師研究經費不足；
4.所內結構健全：一般碩士班、在職專班、博士班；	4.缺乏大學相關系學生的來源；
5.課程結構完整：國際事務與戰略為兩大相輔相成的主軸；	5.所圖書期刊不足；
6.學官經驗；教授具有實務經驗；	6.教育部提供獎、助學金不足；
7.開設眾多國防軍事課程；	7.位處台北郊區； 8.沒有專屬戰略期刊；
O：機會	T：威脅

1.兩岸發展與國家政策需求；	1.戰略相關係所不斷出現：招生競爭；
2.戰略研究的需求；	2.外界期刊發表機會有限；
3.兩岸戰略學術交流的需求；	3.相關戰略專長之就業機會不明；
4.全球反恐態勢的學術研究需求；	4.大學畢業人數銳減，報考人數減少；
5.只要有衝突，戰略就有市場；	5 政府機構在職進修人數減少；
6.相關學科也強化論述戰略；	

資料來源：筆者自製

　　透過上表，如何強化 SO 與 ST，就是非常重要的課題，至於如何減少 WO 與 WT 對本所的影響，也是不能忽視。因此本文透過以下分析矩陣提出建構淡江戰略學派的戰略優先思考。

表三：建構淡江戰略學派 SWOT 分析矩陣表

項目	S：優勢	W：弱點
O：機會	SO：優勢與機會	WO：弱點與機會
T：威脅	ST：優勢與挑戰	WT：弱點與威脅

資料來源：筆者自製

七、結語

　　從上述的分析過程可以瞭解,「戰略研究」屬於國際
關係的次學科,又與「安全研究」產生許多研究範圍的
糾葛問題,主要是因為雙方的主軸都在於思考國家安全
問題。同時,戰略研究的軍事特質,又使其充滿複雜性
與專業性,如何使戰略研究「平民化」也是未來必要的
課題。其次,戰略研究深受現實主義的基本想定,也深
深制約其理論發展的方向。是以,未來如何從一種批判、
建構式的角度來釐清戰略研究的命題與假設,是未來可
以努力的方向。

　　至於,建構淡江戰略學派是一個本所努力的方向,
也是一個正在建構的工程,需要各界的批評與指點。淡
江戰略學派的特色在於:以務實的教學與研究,面對台
灣真實的戰略問題。亦即「入世」角度,提出解決台灣
面臨的安全問題,以台灣為主體的戰略研究與建構,是
一種「實用」的角度,是一貫的傳統學風,也是未來堅
持發展的道路。同時,本學派強調科技合作與多元發展,
重視質化與量化的研究途徑,將是本學派迎向全球化與
資訊化世界的利基所在。

　　總之,淡江戰略學派崇尚團隊的學術默契,強調核
心與特色課程的均衡發展,並鼓勵進行深入的延伸研

究，展現出一種教師同儕與師生之間的默契，這也是淡江戰略學派的最重要資產。希望淡江戰略學派的宣示，開啟淡江戰略所成為台灣「學術之重鎮、國家之干城」的發展願景。在此「淡江戰略學派」發展願景下，預計在 2010 年 10 月，慶祝校慶一甲子的活動過程中，進行一系列「淡江戰略叢書」的出版工作，藉以建構厚實的基礎研究與運用理論之研究，讓淡江戰略學派與淡江戰略所相互結合，才能真正有效開創台灣戰略研究的創新風潮。

戰略研究的歷史基礎:

鈕先鍾戰略研究思想初探

賴進益(大華技術學院通識教育中心講師)

摘要:鈕先鍾教授不僅是台灣戰略研究的啟蒙者與開創者,也是戰略研究者心靈的導師,其研究方法融合東西戰略研究心靈,更掌握史學發展的新趨勢。

　　歷史研究是鈕師戰略研究的基礎,鈕師從事戰略研究,因此充滿人文精神。鈕師認為「只有從歷史的研究中始能發現和了解戰略思想的演進和發展,這個原則可以說是古今中外都無例外」。本文因此由此入手,初探鈕師戰略研究思想堂奧。

　　戰略與歷史的研究,其間是存在著一種可分又不可分的微妙關係。歷史學家雖不一定即為戰略學家,但戰略學家卻似乎必然是一位業餘歷史學家。

　　歷史作為戰略研究的基礎有其限制,她可以指示我們應該避免什麼,戰略研究則須進一步要求知道做些什麼。不過,廿世紀新史學的發展,對歷史作為戰略研究

的基礎，或許可以提供更多元的思維。

關鍵詞：鈕先鍾、戰略研究、戰略思想、歷史、史學方法

一、前言

時光荏苒，先師鈕師先鍾教授（以下簡稱鈕師），離開我們已經七年。六年前個人有幸，就在這同一地點，參加第一屆的紀念研討會。記得那一屆的研討會，標題是「台灣戰略思想的開創與啟蒙」，以之紀念鈕師允為至當。這一屆標題是「建構淡江戰略學派與當代戰略發展趨勢」，適足以顯示，經過老師的開創與啟蒙、教導與散佈，我們的戰略研究已經成熟，現在已可獨立門戶，建構有自己特色的學派。

鈕師著作、譯作，中文、英文皆很可觀，保守估計，不下五千萬言。有一個重點，這五千萬言可不是剪刀醬糊派，或有神仙老虎狗之助[1]，而真是鈕師爬格子，一字一字寫下來。尤其這五千萬言也不是什麼小說、劇本，大都為軍事與戰略專業之作。現代人有電腦幫助，一天三五千字或許不是難事，但要你廿年如一日，看有幾人

---

[1]剪刀醬糊派是指電腦致用之前，學者作研究，參考他人著作，數量大時，借助剪刀醬糊之謂，又以前學界對博士班、碩士班及大學部，三級研究助理的工作與待遇，戲稱神仙、老虎和狗。

能做到。

　　鈕師既是台灣戰略研究的啟蒙者與開創者，也是戰略研究者心靈的導師，其研究方法融合東西戰略研究心靈，更掌握史學發展的新趨勢，欲窺探其戰略研究思想全豹，實乃不易。在此僅就歷史作為戰略研究基礎之一，整理鈕師部分著作、譯作中之言，提供個人引申淺見，一探鈕師戰略研究思想堂奧，以就教方家，為母校建構淡江戰略學派略獻一得之愚。

二、鈕先鍾與戰略研究

鈕師自述其正式踏入戰略研究的園地，乃自主編《軍事譯粹》月刊雜誌開始，在他晚年最重要的作品之一《戰略研究入門》一書的序言中，曾經如此說明：

「民國41年（1952），當時的參謀總長周至柔將軍，創辦《軍事譯粹》雜誌，聘請我出任總編輯。我就是這樣偶然地走入戰略研究的園地。在此以前我對戰略雖非一無所知，但最多也只能算是一知半解。從此時開始，我就一直沒有再離開過這個園地。」[2]

在將近廿年的接觸、翻譯世界新資訊的過程中，鈕師發現歐美國家，在第二次世界大戰之後，對戰略研究的重視與提倡，已經蔚為一種新時代的趨勢與風潮，各種戰

---

[2]鈕先鍾，戰略研究入門（台北：麥田，1998），前言，頁3。

略研究機構、組織，紛紛在西方世界成立。戰略、戰略家或者戰略思想與戰略理論，誠然古已有之，廿世紀以前，其範圍則僅限於軍事與戰爭。但二次大戰，特別是核子武器出現之後，戰略研究可成了一門新學問，其探討範圍，不僅已不限於戰爭與軍事，而深入到和平與非軍事問題，更驟驟然有獨立發展成一門新學域，並進入大學校園的結果[3]。

自民國 41 年 4 月 1 日創刊，歷時廿八年，總共出了 336 期，鈕師主編的《軍事譯粹》月刊雜誌可能是最早把這種趨勢介紹給國人的刊物。民國 44 年開始，14 年間在國防計畫局編譯的《世局參考資料》也一直在介紹這種「戰略研究」新學問[4]。但直到離開國防計畫局編譯室後，鈕師才有更多的時間，重新整理他所引介的這門新學問。民國 61 年到 63 年，他以「大戰略漫談」為題，在三軍大學（國防大學前身）的海軍學院，開始作有系統的講授。稍後並把講學內容精簡成一本小書《國家戰略概論》出版。

鈕師認為戰略一開始是一種國際事務，它存在於國際關係中。直到二次大戰時為止，一般人對於戰略的認知十

---

[3]鈕先鍾，現代戰略思潮（台北：黎明，1985），第 12 章戰略研究的發展，頁 239~248。
[4]如民國 41 年 5 月與 6 月出刊的《軍事譯粹》第 2 與 3 期，已採每月書摘方式，譯介近代戰略發展史。

分狹隘，認為戰略所關心的問題只是如何在戰爭中求勝，關心戰略的人也僅限於軍人。二次大戰之候，對戰略的認知才有較大的改變，其範圍既不限於戰爭，更不限於軍事。許多問題過去可能不被視為與戰略有關，現在反而可能變成戰略研究的對象。他強調戰略是一門藝術，而戰略研究則是一門科學。戰略是政策制定的指導原則，而戰略研究則是用現代科學方法來研究戰略思想和問題。鈕師主張戰略研究應著重「演員」(Actor)、「情況」(Situation)、「權力」(Power)，及「運作」(Operation)的分析。「演員」指的是決策者，「情況」則是指決策環境，「權力」是一種控制他人心靈與行動的能力，而「運作」可解釋為決策的行動及結果，特別是結果比行動過程更為重要[5]。

而鈕師融合東西戰略研究心靈，則是他所遺留研究成果的最大特色。他從早年完整的翻譯西洋五大戰略思想經典名著開始，融會貫通了西方的戰略研究心靈。所謂西洋五大戰略思想經典，即克勞塞維茲（Carl von Clausewitz）的《戰爭論》(On War ）約米尼(Baron De Jomini)的《戰爭藝術》(The Art of War ）薄富爾(Andre Beaufre)的《戰略續論》(An Introduction to Strategy ），李德哈特(B.H.Liddell Hart)的《戰略論》(Strategy-THe

---

5 鈕先鍾，「戰略研究的四大單元」，戰略研究與戰略思想 (台北：軍事譯粹社，1988 年 10 月)，頁 53-66。

Indirect Approach）以及富勒（J.F.C.Fuller）的《戰爭指導》（The Conduct of War），除克氏的《戰爭論》外，其他無一不是他所首先引介于國人。而最難理解的《戰爭論》，他前後翻譯了三次，還另外介紹了一本「精華本」[6]。古往今來，能讀完《戰爭論》者已不容易，能弄懂更難，何況不是讀三次而是翻譯了三次，其高低深淺，是否融會，不問可知。民國 84 年，他即以這五大戰略思想經典為基礎，再增刪補逸，完成華文世界第一本《西方戰略思想史》，成為現代從事戰略研究者，必讀經典。

在融會貫通了西洋的戰略研究心靈之後，鈕師並非就先整理西洋的東西，而是回過頭來，用西方的戰略研究方法，檢視淵遠流長，老祖宗留下來的戰略研究思想。他從小奠定深厚的國學能力，讓他駕輕就熟的從先秦兵學，整理到近代中國的應變之思，在寫《西方戰略思想史》之前三年，率先完成古今中外第一本《中國戰略思想史》。[7]

[6]詳情請參閱克勞塞維茲（Carl von Clausewitz）著，鈕先鍾譯，戰爭論（On War）（台北：軍事譯粹社，1970），上冊，譯者序言，頁 19~26。

[7]以上關於鈕師與戰略研究的關係，請參見賴進義，「東西戰略心靈之融合～鈕先鍾戰略研究思想形成過程初探～」，淡江大學國際事務與戰略研究所主辦，台灣戰略思想的開創與啟蒙鈕

李子弋老師於鈕師告別追思會上，懷念並盛讚說：
「先鍾先生博古通今，融貫中西，晚年，他在中國戰略
研究的學域中，建立起戰略的史觀，以尋根探源，從中
國『長治久安』的大戰略思想發展的長河之源流中。先
鍾先生，民國八十年完成了《中國戰略思想史》、繼而在
民國八十四年又完成了《西方戰略思想史》、民國八十五
年他寫下了不朽的《孫子三論》與《歷史與戰略中西軍
事史新論》，去年(2003)寫完了《中國戰略思想新論》。
他一再的強調：做戰略研究如果不懂得歷史，就永遠不
會曉得戰略的發展過程。因為不懂歷史的人永遠不會有
預見未來的前瞻能力。先鍾先生說：『從事戰略研究的人
不能僅以問題為導向，必須具有思想為導向，因為問題
導向是屬於微觀的，思想導向是宏觀的，問題導向為枝
節，思想導向為根本，無戰略思想自然不能夠解決戰略
問題。』他認為所有的戰略思想均在歷史長河中形成的。
他認為：『當今國內學術界薄古厚今，重西輕中，至少在
戰略思想領域中不能允許這種趨勢過度的發展，否則將
足以導致嚴重的戰略無知。依據薄富爾的說法：戰略無
知正是一種毀滅的危機。』」[8]

先鍾教授戰略思想學術研討會論文集，2005,2,26。
[8]李子弋，「於九十三年二月二十日為中國戰略研究先行
者鈕先鍾先生告別追思」。

我完全同意李子弋老師的呼籲，並對李師進一步申明鈕師的戰略史觀所具備的歷史人文精神，是其戰略研究的基礎，深有所感觸。李老師說：

「他曾經沉痛地批判當前的西方戰略家，尤其是美國的戰略家，過度高估了技術的力量，強調暴力的功能，相對地忽略了歷史的人文精神，他特別指出：『七十年代西方的戰略思想家，如李德哈特、富勒、薄富爾這些大師們，無不視歷史為戰略研究基礎，在歷史的長河中，總結歷史的經驗，開展出珍貴的人文精神。他們在七十年代相繼先後辭世後，西方現代的戰略家，歷史知識非常膚淺。直到九十年代，風氣才有改變，傳統的戰略思想著作，尤其是對中國的孫子學說，普遍地受到重視。但，我們國內的年輕學人，居然連《孫子》都沒有讀過。』先鍾先生引以為憾！」[9]

三、戰略研究的歷史基礎

歷史研究是鈕師戰略研究的基礎，這是老師自己承認之事，其著作歷史（主要是戰史）多於戰略理論，也就不足為奇，克勞塞維茲、李德哈特也和他有一樣情形[10]。這也是為何鈕師從事戰略研究，卻充滿歷史的人文精

---

[9] 仝上註。

[10] 鈕先鍾，歷史與戰略－中西軍事史新論（台北：麥田，1997。），前言，頁3。

神。鈕師認為「只有從歷史的研究中始能發現和了解戰略思想的演進和發展，這個原則可以說是古今中外都無例外」[11]。鈕師在其所著《歷史與戰略 - 中西軍事史新論》一書前言中，曾如此自述：

「…我一直在從事於戰略的研究，在此過程中，我也經常感覺到戰略與歷史的研究，其間是存在著一種可分又不可分的微妙關係。歷史學家雖不一定即為戰略學家，但戰略學家卻似乎必然是一位業餘歷史學家。…李德哈特晚年曾指出歷史是其所最感興趣的學域，我今天似乎有此同感。」[12]

　　戰略研究必須以歷史經驗為基礎，尤其是歷史中有關戰爭的部分。戰略研究雖然是科學，然而戰爭卻無法實驗，因此只好借助歷史的教訓。雖然李德哈特認為「歷史是宇宙的經驗，比任何個人的經驗都更長久，更廣泛，更複雜多變」[13]，不過，他也指出：

「做為一個指標(Guiding signpost)，歷史的用途是有其限制的，雖然能夠指示我們正確的方向，但卻不能對道路情況提供明細的資料；但作為一個警告牌(Warming sign)的消極價值卻是比較確定。歷史可以指示我們應該

---

[11]鈕先鍾，「論中西戰略思想的演進與合流」，戰略論集(台中：台灣省訓練團，1987)，頁 82。

[12]鈕先鍾，歷史與戰略 - 中西軍事史新論，前言，頁 3~4。

[13] 仝上註。

避免什麼，即令它並不能教導我們應該做些什麼，它所用的方法即指出人類所易於造成和重犯的某些最普通的錯誤。」[14]

換言之，李德哈特認為歷史作為戰略研究的基礎有其限制，她可以指示我們應該避免什麼，戰略研究則須進一步要求知道做些什麼。不過，廿世紀新史學的發展，對歷史作為戰略研究的基礎，或許可以提供更多元的思維。在 20 世紀初歐美新史學思潮的影響下，1929 年 1 月中旬，跨學科的史學雜誌《經濟與社會史年鑒》，在法國斯特拉斯堡大學(University of Strasbourg)問世，年鑒學派（Annales School）也因此而得名。該刊創刊號在《致讀者》中闡明了自己的宗旨：打破各學科之間的壁壘，宣導跨學科的研究，在繼承傳統和立意創新的基礎上重新認識歷史。該學派明確提出了「問題史學」的原則，要求在研究過程中建立問題、假設、解釋等程式，從而為引入其他相關學科的理論和方法奠定了基礎，極大地擴大了歷史研究的領域。歷史人類學、人口史、社會史、生態文化地理史、心態史以及計量史學、比較史學等，在年鑒學派的研究中得到廣泛應用。[15]戰略研究本身即

---

[14]李德哈特（B.H.Liddell Hart）著，鈕先鍾譯，為何不向歷史學習（殷鑑不遠）(台北：軍事譯粹社，1977)，頁 15。

[15]以上參考于沛，「二十世紀西方史學及史學名著」，刊載于網路，網址：

有跨學科(Inter-discipline)及跨領域(Cross Disciplinary)
的特性，新史學的發展，正好符合戰略研究的形態，兩
者在研究方法上的互補與互助，進一步落實歷史作為戰
略研究基礎的核心價值。

發端於 18 世紀的近代西方歷史哲學，經過了 19 世紀的
波形演變，在 20 世紀得到迅速發展，並完成了從「思
辨的歷史哲學」向「批判與分析的歷史哲學」的轉變。
在思辨的歷史哲學中，影響最大的是文化形態學派。
1918 年，德國歷史哲學家斯賓格勒（Oswald Arnold
Gottfried Spengler 1880-1936）的著作《西方的沒落》
（The Decline of the West）第 1 卷問世，最早論述了
文化形態理論。他將文化視作具有誕生、成長、鼎盛、
衰亡階段的有機體，並通過對不同文化的比較，闡釋人
類社會發展的歷史進程。英國歷史學家湯因比（A.J.
Toynbee，1889~1975）繼承並發展了斯賓格勒的文化
形態史觀。他認為「文明」，而不是「民族國家」是歷史
研究的單位。在他傳世經典《歷史研究》（1934 年-1961
年）中，詳盡地討論了文明由生到亡的發展歷程，強調
文明起源於「挑戰和回應」。[16]在全球化（*Globalization*）
影響日益深化的 21 世紀，新史學的文化形態史觀，頗

---

http://2008kybs.blog.163.com/blog/static/959725520084133
75755/?fromdm&fromSearch

[16] 仝上註。

值戰略研究參考。

四、史學方法、思想方法與戰略研究方法的互助

20 世紀新史學中，頗受注目的義大利著名的哲學與史學家克羅齊（Benedetto Croce 1866~1952）在其《歷史是思想和行動》（History as thought and as action）一書中，認為「歷史是精神，是思想。...歷史即哲學」，提出「一切歷史都是當代史」[17]之說。[18]被譽為「英國對現代歷史哲學唯一的貢獻」[19]的柯林烏(R. G. Collingwood 1889~1945)的名著《歷史的理念》(The Idea Of History) 一書，也同樣認為「歷史就是思想史，歷史過程就是思想過程」[20]，這和薄富爾所謂戰略就是思想的方法（a method of thought），[21]不無異曲同工之妙。柯林烏認為：

---

[17]Benedetto Croce, translated by Sylvia Sprigge, History as the Story of Liberty(London: George Allen & Unwin,1941),P.19.

[18]徐浩、侯建新，當代西方史學流派（香港：昭明，2001），第二章傳統史學的危機與史學轉型，頁 126~7。

[19]仝上註，頁 131。

[20]R.G.Collingwood,The Idea Of History(Oxford University Press,1946),partV,sections4-5.

[21] André Béaufré，An Introduction to Strategy（London：

「研究歷史有助於人們清醒地面對現實，現實的需要與
興趣也推動人們撫今追昔，從歷史上尋求智慧與參照。
對一個優秀的歷史學家來說，既要有歷史感，又要有現
實感，祇有古今參照，纔能相得益彰。」[22]
柯林烏在其書中討論歷史認識從何處來中認為，歷史學
家研究歷史不是從史料出發，而是從問題出發，而問題
又是從現實生活中湧現出來。[23]鈕師一貫的主張：「戰略
始終還是一種『經世之學』，必須能解決實際問題而不流
於玄想」。[24]顯示鈕師對當代西方史學的重點，有一定的
掌握。本屆紀念鈕師的研討會，主題是「淡江戰略學派
之建構與當代戰略趨勢」，鈕師的戰略研究思想，如其得
意弟子施正權教授之言，有因襲固有思想，有規撫歐美
學說及獨自創見者，[25]作為「淡江戰略學派」的心靈導
師，他掌握史學發展的新趨勢，規範戰略研究的問題導

Faber and Faber, 1965），p.13

[22]徐浩、侯建新，當代西方史學流派，頁 135~6。

[23]仝上註，頁 135。

[24]鈕先鍾，*現代戰略思潮*(台北：黎明文化事業公司，1985。），
頁 277。

[25]施正權，「開創與轉化：試論鈕先鍾教授戰略思想之建構」，
淡江大學國際事務與戰略研究所主辦，台灣戰略思想的開創與
啟蒙鈕先鍾教授戰略思想學術研討會論文集，2005,2,26，結
語。

向，亦即戰略研究是在解決問題，不是在製造問題，解決問題時則須有思想指引。

鈕師早在 1970 年代所發表的「戰略思想方法的基本原則」一文中，提出戰略思想的七項基本原則：[26] (1)思考任何戰略問題時必須採取總體性的觀點。(2)養成朝大處想的態度。(3)戰略思想必須是連續的(4)戰略家必須重視未來。(5)戰略家必須以理智為基礎，「合不合理」也是戰略家所必須考慮的 (6)戰略家的思想必須是抽象的。(7)戰略思想必須是現實化的。此一系統概念在 1980 年代初，轉化為戰略研究的取向，[27]；而在 1998 年《戰略研究入門》一書第六章「戰略思想的取向」，歸納為總體取向(total orientation)、主動取向(active orientation)、前瞻取向 (forward-looking orientation)、務實取向 (pragmatic orientation)，讓此一概念系統完全成形，為歷來缺乏完善戰略思考系統論述的困境，提供一個圓融的解答，也成為一個戰略家在思想領域必備的四種取向，否則就不配稱為戰略家。[28]

---

[26]鈕先鍾，「戰略思想方法的基本原則」，大戰略漫談（台北：華欣文化，1974。），頁 183-195。

[27]鈕先鍾，「論戰略研究及其取向」，國家戰略論叢（台北：正中書局，1975。），頁 44-51。

[28]鈕先鍾，戰略研究入門（台北：麥田，1998。），頁 120；施正權，「開創與轉化：試論鈕先鍾教授戰略思想之建構」。

在研究方法上，鈕師提出要成為一個真正合格的戰略思想家，則必須通過歷史、科學、藝術、哲學等四種境界，亦即在研究方法中應分為這四種境界，而非戰略本身同時是此四者。施正權教授將之整理：（1）歷史的境界——大抵中西戰略思想家咸認為，歷史研究是戰略研究的基礎；然而，雖以利用前人經驗為起點，卻不囿於經驗。換言之，在歷史境界中，研究是以經驗為主題，而其理想目的則係達成司馬遷所說的「通古今之變」。（2）科學的境界——戰略研究不能僅限於歷史境界，否則將只有歷史而無戰略。所以，在通古今之變後，惟有透過科學，淬練經驗為知識，才能從多變現象中發現不變的真理，而其最終理想則為司馬遷所言的「識事理之常」。（3）藝術的境界——所謂藝術的境界是以運用智慧，發揮創造力為主，最終理想則是「探無形之秘」，亦即孫子所謂的「微乎微乎，至於無形」。（4）哲學的境界——此一戰略研究的最高境界非常難於分析或解釋，因為它不僅「無形」，甚至是「無言」。但是，他又引兵學與道家「道」的概念，作間接的解釋。質言之，即是達到超凡入聖，究天人之際的哲學境界與靈感的境界。[29]

鈕師戰略研究的四種境界非常玄妙，就「通古今之變」

[29]鈕先鍾，「論戰略研究的四種境界」，戰略研究與戰略思想（台北：軍事譯粹社，1988。），頁1-24；施正權，「開創與轉化：試論鈕先鍾教授戰略思想之建構」。

的歷史境界，或可參考英裔澳洲史學家史考特（Ernest Scott 1867~1939）曾為史學方法提供的觀點：史學方法包括：第一，由確立真實（fact）與或然（probability）以探究過去的真理；第二，批評確立真實與或然的證據，將相關證據逐一比較；第三，個性與動機的推斷；第四，嚴格的紀年，關注事件的結局；第五，分析原因；第六，避免以古鑒今的謬誤；第七，儘量從當事人的觀點，以看發生過的往事，只以後人的觀點衡量往事，扞格難通；第八，瞭解歷史人物行為的哲學基礎（the philosophical basis），亦即他們行事的觀念；第九，敘事；第十，考據的良性習慣（the virtuous habit of verification）的實習。[30]

史考特的建議雖不能包括史學方法的全部，但是從其中可以看出科學方法可以濟助史學方法的地方，對戰略研究何嘗不是如此。科學的測驗證據的方法，科學的直接觀測的方法（the scientific method of direct observation），科學的完密健全的歸納方法，科學的細密分析、精確比較、清晰討論的方法，科學的促使頭腦深于邏輯、思緒趨於冷靜、辯難合於系統的方法，毫無疑問的對於歷史研究，大有裨益，對科學的戰略研究亦

---

[30] Ernest Scott, *History and Historical Problem* ,(Melbourne University Press .1925),pp.35-36. ；杜維運，史學方法論（台北:三民書局，1983 第六版），頁 54~55。

如是。[31]

史學家應用科學方法以外，同時須應用藝術方法。描寫一段插曲，刻畫一位人物，影繪一次政治危機，敍述紛紜發生的時間，以及促使消逝的過去若再重現，無一不需要藝術方法。藝術家的想像（the imagination of the literary man），在此扮演重要的角色。戰略研究的藝術境界，是否可以從中獲得靈感的泉源？史家應用文學的技巧（the art of literature），尤其發揮偉大的力量。使一堆斷爛朝報，變成栩栩如生的人物；從枯燥的廢紙墟中，建立起燦爛輝煌的瓊樓玉宇，其中有藝術的想像，有文學的技巧。文學的技巧，是史學家不可須臾離的工具。史學家是要執筆撰寫的，史料的搜集、排比、考證與闡釋，只是初步工作，最後要將認為真切與有意義的史料寫成歷史。歷史的寫成，於是需要高度的文學技巧。文筆的清晰、流暢、曲折、優美，是文學技巧；史事的適當安排，材料的斟酌運用，也是文學技巧；將複雜的隱秘的歷史真情，清楚、正確的寫出來，所謂「其文足以發難顯之情」，更是文學技巧。[32]戰略研究雖不強調文學技巧對戰略研究本身的必要性，不過，戰略研究的文章，難道不須可讀性（Readble）？一個開闊的視野、一種搜尋文獻的敏銳嗅覺、一種面對爭議的評鑑力，以

---

[31]杜維運，史學方法論，頁 55。

[32] 杜維運，史學方法論，頁 58。

及一付雄辯滔滔的文筆[33]，或可讓戰略研究者，更靠近「無形之秘」的大門。

鈕師非常推崇的古希臘時期，雅典的史學家修昔底德（Thucydides B.C.460~B.C.396），在其著作《伯羅奔尼撒戰爭史》第一卷第一章，開宗明義地描述自身的史學方法與目的：

「我確定一個原則：不要偶然聽到一個故事就寫下來，甚至也不單憑自己的印象為根據；我所描述的事件，不是我親眼所見，就是從親眼所見的人處聽到後，經過仔細的考核過的。即使這樣，真理還是不容易發現的：因為不同的目擊者，有著不同的說法，或由於偏袒其中一方，或由於記憶的不完全。我這部著作讀來可能不引人入勝，因為書中缺乏虛構的故事……我的著作不想迎合群眾一時的嗜好，而是想垂諸久遠的。」[34]

修昔底德的這段話，恰如其分的顯示兩千多年前，他已經認知到史料對於建立歷史知識的重要性，也認知到史學與文學性故事的不同。其對於史料的慎重考證，正是史書真實性的基礎，也是史書垂諸久遠的第一步。戰略

---

[33] 引自理查伊凡斯(Richard J.Evans)著，潘振泰譯，為史學辯護（In Defense of History）（台北：巨流，2002），封底之言。

[34] 修昔底德（Thucydides）著，謝德風譯，伯羅奔尼撒戰爭史（台北：台灣商務，2000）第一卷第一章，頁18。

研究借助於歷史的研究，要注意如果研究諸葛亮的戰略
思維，用三國演義而不是三國志來歸納、比較、分析，
最後的結果，頂多只是文學作品，談不上通古今之變，
遑論識事理之常、探無形之秘、究天人之際。

五、結語

鈕師在其經典之作《西方戰略思想史》的導言，曾如是
說：
「本書所最重視者為思想的本體或實質內容，至於思想
家或著作者的身世則為次要問題。誠然，每一種思想都
會呈現出其創始者的商標，而偉大的人物對於思想的流
向也會產生決定性作用。但思想史並非傳記，其主題為
思想而非人物。在另一方面，研究戰略思想固然必須了
解其時代背景，以及思想與環境之間的互動關係，但本
書對於這些背景因素又只能作簡要說明，而不可能作深
入的分析。凡讀本書者對於一般歷史事實應已有相當程
度的基本知識。假使自認基本知識不夠，則應隨時閱讀
通史以供參考。」[35]
欲從事戰略研究，須有一定的先修基礎，尤其是非文史
科系出來的人。不過，即使歷史學系畢業的人，也要注
意，歷史雖是戰略研究的基礎之一，畢竟不是戰略研究

[35] 鈕先鍾，西方戰略思想史（台北：麥田，1995），頁 18。

的目的，戰略研究只是借助史學方法，完備其目的。按
鈕師之見，戰略研究有四種基本目的:(一) 求知,(二)
改進政策,(三) 創造權力,(四) 引導歷史。[36]這四種
基本目的,歷史皆能提供幫助,並反潰自身的潮流走向。
也因此,戰略研究雖另有其他基礎,例如地理的、權力
的基礎等,但歷史的基礎在所有中,應該是最重要,並
居於核心的位置。

鈕師常愛引用的德國鐵血宰相畢士麥 (Herbert Von
Bismarck, 1815-1898)的名言「愚人說他們從經驗中學
習,我則寧願利用他人的經驗」[37]。這段名言是對歷史的
功用,最好的註解。古希臘政治史學家波利比亞
(Polybius, B.C. 204-122)的下面這幾段話也很經典:
「對於人類而言,有兩條改革(reformation)的途徑,一
是透過他們自己的不幸遭遇,二是透過旁人的不幸遭
遇。前者是比較最確實無誤,而後者則痛苦較少。...我
們應經常尋求後述的途徑,因為這樣,我們可以自己不
受傷害,而又能對於所追求的最佳途徑獲得一種較明確
的認識。...從真實歷史的研究中所獲得的知識,對實際
生活是所有一切教育中的最佳者。」[38]

---

[36]鈕先鍾，戰略研究入門，頁 310。
[37]李德哈特 (B.H.Liddell Hart) 著，鈕先鍾譯，為何不向歷史
學習，頁 15。
[38]仝上註，頁 16。

最後茲再借用鈕師非常喜愛的英國的李德哈特一段話，以作為本文的結束，這是鈕師為李德哈特翻譯的一本小書《為何不向歷史學習》，全書的最後一段話，對我們國家在當前世局中的處境，或有永恆的深意：

「請注意，我把你像一隻綿羊一樣的送入狼羣之中，所以(你)便必須像蛇一樣的聰明，和像鴿子一樣的無害。」

戰略概念在二十一世紀的再檢視：歷史、邏輯、未來

施正權（淡江大學國際事務與戰略研究所專任副教授）

張明睿（淡江大學國際事務與戰略研究所博士生）

壹、 戰略概念再檢視的脈絡因素

戰略概念具有歷史性，是一種生活經驗重覆的抽象，同時，它也被要求具有現代性，「戰略概念」的意義，在當代各種指涉現象中，被要求展現適應性與有效性的符映。

「戰略概念」面對當代現象的變化主要有三：首先，從戰略研究被質疑的論述中發現，在全球化進程，國家權力中心弱化的衝擊；其次，為戰略概念自身，也就是語言擴散危機，造成戰略概念意義消解問題；再次，是戰略研究與安全研究、和平研究的學術爭辯問題。因此，邁入 21 世紀之後的戰略概論的再檢視就有其必然性。

一、全球化對國家作為行動單元的影響

　　本文所指涉的全球化，係以資訊科技為基礎與跨國公司蕃衍為起點特徵的全球化樣貌，全球化具有時序與發展進化的性質，在變動與成長的背景下，學者對於全球化現象的解釋，有不同認知表達，瓦特斯〈MalcolmWaters〉以物質交換在地化、政治交換國際化、以及符號交換全球化三個論點，將全球化理論區分為聚合論、世界資本主義論、跨國連結論、地球村理論、世界場域論、文化理論、時空延展說、時空壓縮說、風險生態說等九種論題，並以國家為中心論述的全球化與全球社會一體化的角度論述全球化，做為概念差異的識別。[1]赫爾德（D.Held）等人，在其著作中，將學者的論述區分三種不同的觀點：「極端全球主義者如大前研一（Kenichi Ohmae），懷疑論者如湯普森（G.Thompson），以及變革論者如吉登斯（Anthony Giddens）」[2]這樣的區分，是針對全球化發展的可能性，所做出的不同判斷，其中對於國家權力發展趨勢，極端

---

[1]Malcoim Waters 著 ,徐偉傑譯,《全球化》〈Globalization〉(台北：弘智出版社，2000 年)，第一至三章，頁 1-100。
[2]戴維.赫爾德〈D.Held.A.McGrew〉等著，楊雪冬等譯，《全球大變革-全球化時代的政治、經濟與文化》〈Global Transformations:Politics.Economics.&Culture〉(北京：社會科學文獻出版社，2001 年)，導論，頁 1-14。

者認為是衰落或權力削弱；懷疑論者則認為被加強或提高權力；而變革論者則認為權力將有所重構或重組。[3]

　　由上述說明，對於國家角色的發展，隨著全球化進程，包括非政府組織增加，跨國企業的流動，不穩定因素擴大漫延現象，讓國家處理問題的能力下降，隨之而來的便是對國家權力產生衰退的判斷，也就是國家權力的下降或是權力的流散轉變。[4]若依瓦特斯的論點，全球社會興起，已然超越國家主體的概念，而跟據赫爾德區分，則吉登斯的國家權力重構是較中肯的表述。國家單元權力弱化與否，以及未來是否有一個全球性質的行動單元作為權力協調核心，雖是一個不能忽視的議題，但全球化帶來國家權力影響，是基於目前國家間各種因素流動的現實，在預見的將來，國家作為一個行動單元的存在，尚難被全盤取代。

　　全球化視野的第二個重點，是全球化帶來的難題，也就是所謂的不確定性。目前可見的不穩定因素，有環境惡化的因素、如氣候變遷、各類污染〈如化學、工業、

---

[3] 同註2，頁14，圖表說明部分。

[4]有關經濟全球化後對於國家權力的弱化或是分化問題，斯特蘭奇將權力的分散，而不是消失的觀點，討論國家權力消退問題。詳參該書 蘇珊 斯特蘭奇〈Susan Strange〉，肖宏宇 耿協峰譯，《權力流散-世界經濟中的國家與非國家權威》〈The Retreat of The State:The Diffusion of Power in the World Economy〉(北京：北京大學出版社， 2005 年)。

生物、電磁等等，所產生的空污、水污、土污、磁力偏、病毒污染〉；同時，人口增加伴隨著不可再生能源稀少，或是氣候改變所引發的空間地理資源的轉變；還有人類自身的犯罪行為、毒品擴散、恐怖主義活動；以及在無意識下，享受文明便利的同時，所產生的伴隨性風險〈不可知的累積〉等等。2008 年 6 月巴黎舉行的「植物星球的未來〈Future of Planet Earth〉」研討會中，十九位學者各提三個未來對地球最為挑戰的議題中，上述問題是被關注的重點，[5]這些都有爆發矛盾衝突的可能，如果瓦特斯的三個導引取向，是符合全球化現象，那物質交換地方化的原則，也表示著物質變化的困境，將由地方來解決，那地方的行動單元又指的是甚麼單元呢？如果政治交換國際化做為考慮，那又指的是甚麼單元與國家間關係進行交換呢？

　　就中央與地方權力分配的概念來論，在可預見的將來，這些不穩定的因素，仍將是作為一個行動單元的國家，所要負起的工作，或許國家角色從權力的管理者轉變為權力的協調者，但這也代表著全球議題仍離不開國家權力體系運用。那作為戰略行動所依附的國家〈*有效的行動單元*〉，仍將是戰略活動的主體。

　　同時，值得注意的是主張復興聯合國多邊體制、歐

---

[5]詳情參閱《植物星球的未來》〈Future of Planet Earth〉，2009年法國巴黎的官方網站。

盟一體化典範、西方〈歐洲與美國〉聯盟化的塑造〈發展戰略〉，以避免西方民主制度潰散的呼籲。[6]這些觀點產生了超國家意識的變革觀，有意識將國家權力讓渡於更大的統一體，但是戰略行動主要的觀點，在於有效行動單元的認知，而不在於國家或是超國家組織體系的分合。組織體的存在，便有權力的存在，權力不會消失它只是在流動中。[7]據法國學者蒙布里亞爾〈Thierry de Monbrial〉的行動單元定義〈後論〉，國家相對於其它組織體，仍具有效的行動自由，針對前述的全球化風險問題處理，不在全球化理論的言說，而是在主體性組織，面對全球化問題，行動上是否有適應性及有效性為基準的觀察。

二、戰略名詞擴散與意義消解的隱憂

鈕先鍾在《國家戰略概論》開宗明義的指出，「在目前常用的語文中，戰略二字已成為一種通用的名

---

[6]作者認為全球化的影響造成東方力量的成長，大西洋兩岸應該加強聯盟關係，以應對全球化西方國家的衰退。羅朗．柯恩-達努奇〈Laurent Cohen-Tanugi〉著，吳波龍譯，《世界是不確定的-全球化時代的地緣政治》(北京： 社會科學文獻出版社 ，2009 年)，頁 083-086。

[7] 同註 4

詞，……」[8]生活用語意味著常識性語言，這與理想語言
或是知識語言的理念性或是科學性，有不同層次的水
平，知識語言與邏輯語法的關係，可以用概念意義來表
示，內含越廣，外延越窄，而內含越窄則外延也就相對
的越廣。[9]如果戰略名詞朝向常識性、生活化方向的拓
展，表示戰略概念對實體包容性增大，同時逐漸遠離了
戰略理論的嚴謹性，這種現象可以從四方面來思考：

首先，戰略一詞因為戰爭型態發展，有了名詞的擴
散。由於第一、二次世界大戰戰爭的無限性擴展，純戰
爭指導的戰略語意，已經難以解釋戰爭狀態的無限性，
這表示戰爭的控制，更需要從國家層次與未來和平格局
去思考。因此，在戰爭中所區分的戰略與戰術，更向上
發展，進一步區分為大戰略、國家戰略、或是總體戰略
概念。既然作為民族國家特徵下的戰爭，除了軍事戰略
的主體外，便將戰爭所涉及的社會、後勤、心理、地理
等轉變為戰爭因素的依附體，從國家的視野，提升為政
治〈外交〉戰略、經濟戰略、心理戰略、地緣戰略、科
技戰略等方向考慮；其次，在冷戰時期，由於核武器的
弔詭，使得軍事戰略雖仍為主流，但是在核武限制下的

---

[8]鈕先鍾著，《國家戰略概論》（台北：正中書局，1975 年），
頁 1。
[9]楚明錕主編，《邏輯學》（北京：南大學出版社，2002 年），
頁 23。

有限行動自由，其衝突的手段也在變化，最明顯的即為意識形態戰爭，帶動了政治體制、經濟體制、社會生活秩序形態的多元對抗，正如美國學者凱夫爾〈John. E. Kieffer〉所書寫的《求生存戰略》一書便能感知。[10] 這時政治戰略、經濟戰略、心理戰略、地緣戰略、科技戰略等成為軍事行動另一種行動面向，而非直接性的軍事戰略參與性地位，在薄富爾〈Andre Beaufre〉的戰略觀點，這是屬於間接戰略的範疇，但仍為戰爭戰略的一環。

其次，冷戰結束，西方對於突如其來的勝利，展現了乘勝追擊及戰略空間拓展的企圖，持續展開掃清與塑造格局的控制行動，最明顯的乃是東歐顏色革命及北約東擴，此刻戰略行動是以間接戰略為主，局部軍事行動為輔。直到 2001 年九一一事件發生，「反恐」成為主題，美國為了國土防衛，也顧不得自由與人權的價值，從總體戰略觀點，要求世界各國，向安全政策傾斜；但此刻的行動仍是戰爭戰略的範疇，這是因為美國將恐怖主義列為戰爭定義中的一類。在此之前所出版的《超限戰》，全面化的戰略手段組合，視為戰爭的一種方式，戰爭泛化與戰爭戰略方式的擴張，如今，由以往的潛隱性，轉向為顯明性，例如，貨幣戰爭即為超限戰描述的金融戰，

---

[10]凱夫爾 John. E. Kieffer 著，《求生存戰略》〈Strategy For Survival〉(台北： 國防部發行(餘資料受損)〉(David Mckay. Inc. New York1958 年版)。

屬於經濟戰略的一個面向。戰略概念已然朝著跨學科領域方向發展。

　　再次，戰略語言拓展的原因，便是來自於戰爭形態較為類似的自由市場形態，以及中國大陸國家經濟發展戰略經略的結果。1962 年錢德勒（ Alfred D. Chandle ）《戰略與結構》論著的出現為起點，將戰略概念轉為經營上的分析與實施的參照，逐漸形成戰略規劃學派，[11]在此之前，1934 年熊彼德〈Joseph Alois Schumpeter〉《經濟發展理論》的論著，被蒙布里亞爾的《行動與世界體系》〈Laction et le systeme du monde〉一書大量的參考引用。

　　除了戰略管理的規劃學派影響外，中國大陸在決策傳統上，便以戰略方針做為國家發展導引用語，此是延續內戰與冷戰時期，中共領導人決策語言，但在 1979 年中國大陸實施以經濟發展為主的改革開放政策，並讓戰略研究走出密室，國家發展戰略成為重要語言。戰略一詞，隨著國家與各次系統機制的運作，成為了政府部門的通用語言，其後，再隨著解放軍軍官及政府高層退休後轉入政府相關智庫，或是民間智庫發展，並與民間經濟管理部門相連繫，產生了推波的作用。[12]這樣的群

---

[11]周三多　鄒統钎著，《戰略管理思想史》（ 北京：復旦大學出版社，2003 年)，頁 2。

[12]這部份的發展，作者將在第四小節中進一步說明，並且將美

聚發展，是符合孔恩（Thomas Kuhn）典範移轉理論，
也是一種建構過程。

戰略對其它學科滲透，確實造成戰略概念泛化，成為各
自運用，各自詮釋的景像，這也是戰略研究在學術上被
批評的地方。

三、戰略研究的爭辯

1997 年美國學者貝茨（Richard K.Betts）所撰〝Should
Strategic Studies Survival〞引發了戰略研究議題的爭
論，台灣對這個議題也有相關論述，莫大華以安全、和
平、戰略三者，依據美國學界辯論的內容，有體系的引
介，讓我們更清楚其中變化的序列與根由；[13]陳偉華除
了論述爭論的原因外，並將戰略研究途徑作了五種模式
的系統區分，認為戰略研究仍有持續研究發展之必要；[14]
施正鋒則將戰略研究視為安全研究與和平研究的介面。
[15]黃虹堯則論述兩者都有可能見樹不見林的缺陷，認為
安全與戰略研究兩者關係尚無定論；[16]除此外，尚有大

中戰略概念的差異作一個說明。

[13]莫大華著，《建構主義國際關係理論與安全研究》（台北： 時
英出版社， 2003 年），安全研究辯論章節部分。

[14]陳偉華著， 〈戰略研究的批判與反思：典範的困境〉，《東吳
政治學報》 （台北：2009 年二十七卷，四期），頁 1-54。

[15]施正鋒著，〈戰略研究的過去與現在〉，《當前台灣戰略的發
展與挑戰學術演討會論文集》（台北：2010 年），頁 1-17，
理論部分。

[16]翁明賢主編，《新戰略論》（台北：五南出版社， 2007 年），

95

陸學者羅天虹以《西方戰略與安全研究的轉變》描述變
遷的軌。但我們的焦點仍置放於美國的爭論上去理解，
雖然戰略研究的爭辯早已有之，[17]但仍以貝茨文章作為
論述的依據。

　　針對戰略研究的批評，概括地說，貝茨的論點包括，
想像衝突升高、混淆外交、濫用軍力、預算排擠、軍文
（總統）關係不確定、理性工具教條、理論邊界模糊等。
但歸根究底，乃是「政治與軍事（目標）的聯姻，在實
踐上，遭到士兵反對政治介入影響軍事行動，而學者也
不同意，為了尊嚴而以戰爭為優先選項。」[18]所以，認
為這是政治上的問題，應回到政治科學領域，在軍事事
務之內應定期的接受外在挑戰，因為整合政治與戰爭關
係，是需要不同學科互動，參與至軍事語法與政治邏輯
中。貝茨還建構了三環理論，外為安全研究、中為戰略
研究、內核為軍事戰略研究，認為戰略研究遊走於安全
研究與軍事戰略之間，難以被認可，而安全研究方有學
術價值，且以安全定義來辨識與戰略研究之不同，並將
軍事戰略研究納入安全研究項下，預排除戰略研究的地

頁 56。
[17]羅天虹著，〈西方戰略與安全研究的轉變〉，《世界經濟與
政治期刊》（北京： 2005 年 10 月），頁 32-37。
[18] Richard K. Betts, 〝 Should Strategic Studies Survive?, 〞
World Politics, Vol. 50, No. 1, Fiftieth Anniversary Special
Issue (Oct., 1997), pp. 8-9。

位。[19]然而，安全研究指的是甚麼？從個人安全到人類安全及國家系統的各各子系統的安全？如此的歸納，我們不禁要問，那安全行動又是甚麼？與超限戰的內在泛化邏輯有和差異？

　　反觀戰略研究社群的態度，1958 年戰略研究興起，布強（A Lastair Buchan）定義為「對於在衝突情況中如何使用武力的分析。」[20]我們依據這條定義，檢視戰略學者是否有超出這個定義範疇的論述。首先，確定布強所界定的是，「衝突」而不是「戰爭」的字詞，戰爭只不過是衝突的一種形式，比戰爭的意義要寬廣的多，這裡依定義將衝突指向戰爭。其次，以 2007 年再版的格雷（Colin S.Gary）等人所著《當代世界戰略：戰略研究入門》〈Strategy in the Contemporany:An International to Strategic Studies〉，作為理解例證的依據，該書開宗明義，探討戰爭與和平情勢，接下來的三大部份，基本上環繞著戰爭戰略的議題進行論說，其戰略研究的範疇，相當明確堅守前述定義，並沒有將「衝突」做出擴張解釋，若說有新增議題，也僅是將戰略文化納入研究系統之內。[21]何況，貝茨的指控，軍事不接

[19]　同註 18

[20]鈕先鍾著,《現代戰略思潮》(台北： 黎明文化事業公司， 民國 78 年)，頁 239。

[21]John Baylis,James.J.Wirtz, Eliot A. Cohen, Colin Gray，Strategy in the comtenporary World -an Internation to

受政治干預，這是美國在越戰血淋淋教訓，所獲得的經驗，[22]但也僅是在政治目的框定下的行動自由，仍具有高度的政治性指導。

　　與戰略研究站在對立面的和平研究議題，其以暴力途徑證否和平，基本上是一種典型的理念實踐，主張另類的國防建設，強調非暴力手段的對應方式，是一種消極防禦力量的建構。在臺灣也有具體實踐和平理念的活動者，例如簡錫堦的紫色聯盟與雷敦和神父及其和平研究中心，所倡導非暴力抗爭的信念與實踐。另有派翠克傑美士〈Patrick James〉，以聯邦政府下之州際間，以「公民－軍隊」關係為模式，討論公民參與國防事務樣式，並以此模式預推廣至國家間關係上，秉此以建構新康德世界（和平）理想實現。[23]

　　當代西方（美英為主）以戰爭與和平為主題的研究，上述三類－ 和平研究、安全研究、戰略研究，－ 若單純從美國學界的辯論，都是在核威懾條件下，對人類產生絕對殺傷的恐懼，選擇不同的對應方式；和平研究的目的則在於根絕暴力，以暴力概念反證和平概念，並從軍

Stategic studies（New York： Oxford University Press，2007）.

[22] 同註 15

[23] Patrick James,「Civil-Militarey Relations in a Neo-Kantian World 1886-1992″, Armed Forces&Society, Vol.30,No,2,（2004）,pp.227-254.

民關係入手，破解克勞塞維茨三位一體的暴力模式；安全研究的目的在於解除威脅，雖同意戰爭是其中的一種手段方式，但以軍事與政治間目的不可轉換與難以介入，破解克勞塞維茨的戰爭為政治手段工具的教條；戰略研究則是針對戰爭戰略的研究範疇，針對戰爭形態的轉化為議題，持續在戰爭戰略範疇中進行研究。

　　以戰爭戰略範疇為對象的研究，雖然能保有戰略研究的原始特色，但是如何在此基礎上持續發展確是一個問題，同時我們也看到戰略研究，面對著以國際社會為單元建構的全球化，戰略語言的常識化，以及戰爭形態泛化現象可能的變遷，在戰略概念中的大戰略學者，便在這些困難中，努力拓展轉變的事實。然而，未來戰略研究也不應限於美英研究，英美的學術爭論，也不一定全出自於學術理論動機，如貝茨的批判，實際上，更多帶有非戰略性議題的純政治觀點化現象，何況我們仍能從中、俄、德、法的觀點吸取養分。本文對於戰略概念的演化，將統籌在中西兩類思想發展過程中再思考與檢示。

貳、戰略概念的緣起、演化與理解

　　研究戰略概念，可以借由生成論與建構論的途徑。

一般研究的方式是從建構著手，透過歷史文獻或是當代學者文本，理解、分析、抽取進行歸納，形成對戰略概念的論述；至於生成論的觀點，目前能得到的語詞，乃是明茲柏格（Mintzberg 戰略管理學派學者）引用休莫（David Hume）的話語，認為「戰略也許來自於人類行動，但不是來自於人類設計。」[24]從行動中來，意味著自然產生，但這只是一種判斷語，尚需明確推理支撐，本文僅依建構的方式加以說明。

依據奧斯特.瓦爾德〈Friedrich Wilhelm Ostwald〉對「概念」語詞的敘述，是「相似經驗的重合部份或重複部份。」[25]意即透過記憶能力，將相似或重複性部份統整形成，並以文字方式轉為概念詞或詞串，因此，戰略概念便有歷史的活動性。艾隆〈Raymond Aron〉說，「戰略思想是每個世紀或歷史上每一時刻，從各個事件的問題中所得到的戰略領悟。」[26]戰略概念也具有文字自身的定義性，定義是論述界定與演繹的根本，也是討論戰略概念焦點所在。從東方的觀點，戰略意義雖從西

---

[24]明茨伯格(Mintzberg)著，〈戰略的五種定義〉，《IT 經理世界期刊》（北京：2004 年 5 月 20 日），頁 108。

[25]弗里德里希.奧斯特瓦爾德(Friedrich Wilhelm Ostwald)著，李醒民譯，《自然哲學概論》(北京：華夏出版社，1999 年)，頁 14。

[26] 約翰貝里斯(John Baylis)等著， 彭恆忠譯，《當代戰略》，約翰賈奈特(John Garnett)著，〈戰略研究及其假定〉（ 台北，國防部史政編譯局譯印，民國 80 年 ），頁 4。

方傳入，然亦有相似的概念語詞，畢竟源起根本，係從戰爭實踐而來。本文將以西方為主體，兼具兩者進行說明。

一、西方戰略概念的緣起與演化

俄羅斯學者奧日加諾夫認為，「我們獲得了這些認識（戰略）要歸功於古雅典，10人高等軍事委員會的成員被稱為戰略家（將軍）。」[27]克利斯提尼（Cleisthenes）改革政體，將所控制的區域，區分十部落，每部落設一位將軍，統帥部隊，並與第三執政者平等的共同議決軍事事務（陸、海指揮權）。隨著機制的運作，將軍的職責擴大，還包括了對外事務上。[28]可見「戰略」一詞是指具有軍事與外交事務處理角色的「將軍」。

修昔底斯（Thucydides）的《伯羅崩尼撒戰爭史》，有相當精彩的戰爭思想表述，如雅典與斯巴達開戰前，斯巴達國王阿基達馬斯演說內容，提到「審計財政、戰爭規模、聯盟強弱、戰爭利弊、談判後盾、慎重決策，戰爭正確估計由偶然性事件決定是不可能的，不能誤認敵之愚笨假設。」[29]威廉斯（Mary France Williams）將

---

[27]奧日加諾夫著，聶品 胡古明譯，《政治戰略分析》（北京：武漢大學出版社，2008年），頁1。

[28] 馮作民編著，《西洋全史三》（台北：燕京出版社，民國64年），頁193。

[29]修昔底斯著，《伯羅奔尼撒戰爭史》（台北：商務印書館2000

此歸納成「計畫、準備、遠見、謹慎、勇敢、自制。」[30]
主題詞。除此外,修氏也記述了雅典對戰爭的看法:「戰
爭延長的越久,事物變化依賴意外事故的程度越多,這
些意外事件,你們不能夠看得透,我們也不能夠,我們
只在黑暗中等待事變的結果。」[31]雙方對於戰爭的不確
定性,都給予高度的重視,這與克勞塞維茨的觀察相同,
也是戰略性質的一項主要基本內含。雅典具有民主體制
精神,而斯巴達也早有憲法的存在,彼此又是一種各自
的聯盟組合,從他們對戰爭討論,可以看到戰爭總體性
詮釋的意義。

　　在一至三世紀的羅馬,依據艾德華 勒特韋克(以下
統一翻譯為魯特瓦克)〈Edward. N. Luttwak〉的研究,
大戰略領域成就是很高的,「羅馬人在大戰略領域的成就
依然完全未被超越,甚至兩千年的技術變遷也未顛覆它
的教益。」[32]透過歷史材料的分析,他將內容區分三部

年),第六章部分。

[30]劉小風等人主編,《修昔底德的春秋筆法》,威廉斯 Mary
FranceWilliams 著,〈修昔底德比下的個人與城邦〉(北京:
華夏出版社,2007 年),頁 83。

[31]同註 29。

[32]艾德華 勒特韋克(Edwar.N.Luttwak)著,時殷弘 惠黎文譯,
《羅馬帝國的大戰略-從公元一世紀到三世紀》(The Grand
Strategy of The Roman Empire-From The First/A.D.to The
Third) (北京: 商務印書館,2008 年), 前言,頁 1。

分，世紀初期至 69 年為節約兵力式的霸權戰爭；至三世紀中葉直接運用兵力與安全成正比的彈性防禦；三世紀末則使用大量兵力且與蠻族合作的縱深防禦，來表現羅馬的軍事作為。[33]在這裡我們一方面見到羅馬戰略思維的先進，也體會到戰略思想與現實存在的反映是緊緊相連。我們細究羅馬的戰略變遷，同時也會發現其對於魯特瓦克「戰略反常（矛盾）邏輯體系」形成的影響，由霸權戰略，阻絕性防禦以至縱深防禦的概念，轉為成功、頂點與衰退的規律。

色諾芬〈Xenophon〉在其所著的《長征記》中開始使用「戰略計劃」一詞[34]，或許是翻譯上的差異，並沒有實質的尋獲。福隆提納〈Frontinus〉《謀略》一書，第一卷第三章〈決定戰爭的性質〉中，如馬其頓與凱撒的直接戰略、費邊與伯里克利的持久戰、泰米斯托克利對戰爭形勢重心的轉移（由陸轉海戰）西庇阿將戰爭點焦由本土轉移至迦太基國土等的描述，[35]具有全局謀劃或戰略方向的決定性。所以福隆提納的謀略與今天的〈間接〉戰略意義相似，與孫子所言「詭道」意義有別。維吉夏斯的《軍事論》是一本軍事學的專著，是討論羅馬

---

33 同註 32，頁 196-199。
34 同註 27，頁 1。
35詳參福隆提納《謀略》第三章，資料來源，戰爭研究網站
　　www.warstudy，請直接閱讀《謀略》電子書第三章內容。

軍隊為對象，綜合分析羅馬軍隊注重技巧和紀律的原因，「如軍隊數量不比高盧人，財富、詐欺、謀略不如非洲人，藝術、知識不如希臘人。」[36]羅馬軍隊唯有靠高度訓練，講求技巧和紀律，以求得戰爭勝利。

　　毛里斯皇帝〈Maurice〉編著的《戰略》，起了歷史區分的明確邊界。東羅馬的毛里斯皇帝，依據當年陸戰形式與戰爭經驗，匯集成 Strategikon 一書，其用兵思想偏好，在於「間接形式的打擊、伏擊、詭計、夜間掃蕩困難地形 和小衝突，也重視軍事心理與士氣的理解。」[37]同時，書中也注意一個戰略問題，就是多腦河北岸斯拉夫人的對抗。足見該書仍有國家總體戰略的思考內容，這證諸於鈕先鍾對毛里斯長治久安的守勢嚇阻戰略的論點是相符合的。Strategikon 的意義具有國家防務戰略，若從軍事戰略來看，偏向於間接戰略的內涵，它的語言意義超出軍事戰略，直達大戰略層次。東羅馬還有一件與戰略相關的政務，乃是軍區的設立，「軍區設有司

[36]鈕先鍾著，《西方戰略思想史》(台北： 麥田出版社，1997年)，頁 69-70。

[37]這部分資料來自於英文 wikipedia 網頁，權威性恐有不足，但對於毛里斯皇帝提出的論述，與鈕先鍾傾向於謀略型描寫的戰略思想家的意涵相通，故摘取其重要戰略思想部分的描寫，提供參考。
http://en.wikipedia.org/wiki/Byzantine_military_manuals

令官(Strategos)一人,不僅指揮軍事,而且兼理民政。」
38戰略一詞,在毛里斯的年代,既有國家防務戰略、間
接戰略的軍事戰略,同時,從角色觀察,具有軍事職能
與內政治理的意義。

　　馬基維利(Niccolo Machiavelli)被喻為現代戰爭藝
術的復興者,在崔樹義《戰爭的技藝》譯本首頁導論,
舉出馬氏戰爭藝術的八項特點,其中有兩點,「對西方和
非西方戰爭方式的綜合,以及大量傑出的戰場謀略。」39
謀略類似詭道,而前項所說的「綜合」,則是戰略文化的
整合概念,「他誇讚羅馬人的戰爭方式,認為它基礎牢
固、緊湊、堅實、井然有序,同時,......(但) 不再詆
誨東方戰爭不穩定、不確定 ,...在適當條件下可帶來確
定性的勝利。」40這是戰略文化的接受性,也是英國學
者肯.布思(Ken Booth),在其《戰略與民族優越感》著
作中,一直被提及的戰略文化相對主義。41

　　但是馬基維利面對變革年代,卻未重視火器的影

---

38 同註 36,頁 85。
39尼科洛 馬基雅維里(Niccolo.Machiavelli)著,崔樹義 譯,
　《戰爭的技藝》〈Art of War〉(北京:上海三聯書局, 2010
　年),頁 1-2。
40 同註 39,頁 226。
41肯.布思(Ken Booth),著冉冉譯,《戰略與民族優越感》
〈Strategy and Ethnocentrism〉(北京, 中央編譯出版社,
2009 年),頁 2, 概念說明部分。

響，而能將火器、軍事體制融合，而使得組織結構擴張，讓戰術體系產生複雜化者，乃是瑞典的古斯塔夫〈Gustavus Adolphus〉，這種變化對於指揮官的指揮構成挑戰，同時，戰略研究者必須面對組織擴充後，其指揮、調度與協調的有效方式，進行思維創新，例如蒙特庫科利（Raimondo Montecuccoli）的綜合研究方法，強調個體部份認識到整體系統的理解，與范邦（de Vauban）的科學研究態度，與技術對戰爭活動的影響。[42]

　　十八世紀中期以後，「戰略」的專用術語出現，畢羅（Bulow）認為「戰略是在視界和火砲射程以外進行軍事行動的科學，而戰術是關於在上述範圍以內進行軍事行動的科學。」[43]首次作出戰略與戰術區分，產生兩個意義，證實了畢羅之前，對於戰爭活動的討論，是以戰術為主題，戰爭藝術便是戰術的操作與指揮。其第二個意義，戰略是依據戰場空間作分化，除了火力以外範圍形象的描寫外，超出火力影響的空間戰場，便成為心智活動的場域。

---

[42]彼得 帕雷特 主編，時殷弘等譯，《現代戰略的締造者－從馬基雅維利到核時代》（北京，世界知識出版社，2006年），頁47-83。第二、三章蒙丘可利與范邦的說明。

[43] 姚有志著，〈戰略的泛化、守恆與發展〉，《國防理念與戰爭戰略》（北京： 解放軍出版社， 2007年），頁267。

然而，這是一個思想蓬勃的年代，哲學界笛卡爾（Descartes）的二元思維與自然科學的牛頓（Newton）力學（機械）觀影響深遠，[44]在戰略思想上也同樣受到影響，產生了畢羅，梅齊樂（Maizeroy）與勞易德（Henry Humphrey Evans Lloyd）戰爭理論的二元觀，梅齊樂認為戰爭可分為兩部份，「一是機械的部份，包括部隊組織...和戰鬥（戰術），......用規律來教育，另一部份則相當高深，而只能置於在將軍的頭腦中......經常變化（作戰指導），......。」[45]梅齊樂給了第二領域一個新名詞，即為「戰略」，為作戰指導的意義。[46]其次，勞易德也將戰爭藝術區分兩部份，「其一為機械的部份，那是可以學而致的。另一部份則為其運用，那是不可以學而致的，正像作詩和修詞一樣，僅知道規律還不夠，而還必須有天才。」[47]薄富爾（Beaufre）對勞氏的天才說，有以下的評語，「勞易德曾經認清了天意的火花，與物質因素相互作用，之間的區別，而在拿破崙（Napolean Bonaparte）的字彙中，所謂天意的火花，其意義即為

---

[44]奧卡沙〈Samir Okasha〉著，韓廣忠譯，《科學哲學》〈Philosophy of Science〉（北京：譯林出版社，2009年），頁 7-8。

[45] 同註 36，頁 169。

[46] 同註 36，頁 169。

[47] 同註 36，頁 179。

戰略。」[48]戰略一詞，在這兩位學者的觀點，並不是以空間為依據，卻直指「思維藝術」與畢羅所指不同，但彼此可以相輔相成。

畢羅、梅齊樂、勞易德的年代與拿破崙時代是重疊的，也是民族國家戰爭形態興起的階段，有助於「戰略概念」的持續發展。「戰略概念」在上述三位學者的開展後，後學者或是行動者的概念，筆者便直接引用其「戰略」的意義。

拿破崙認為「戰略為戰爭之藝術。戰爭之藝術在乎攻防之決勝點比敵優勢。」[49]奧地利的卡爾大公（Archduke Charles）認為，「戰略擬定整個戰爭的計畫，確定整個軍事行動的進程。戰略是最高統帥的科學。戰術實現戰略計畫，是各級指揮員的藝術。」[50]

約米尼（A. H. Jomini）的戰爭理論具有系統觀念，從政略與軍略的劃分為起點，軍略中再區分五個部份，「戰略劃分在軍略項內，他認為戰略學是在地圖上進行

---

[48]鈕先鍾著，《戰略緒論》（台北： 麥田出版社，2000 年），頁 26。

[49]孫紹蔚著，《從戰略理念論國家戰略》（台北：三軍大學印製，民國 67 年），頁 215，（附件一各兵學家之戰略定義表）。

[50]王明進著，〈戰略概念的拓展與國際戰略學的創立〉，《國際關係學院學報》（北京，2008 年 1 期），頁 2。原稿出於米爾施泰因等人，黃良羽等譯，《論資產階級軍事科學》（北京：軍事科學出版社，1985 年），頁 35。

戰爭的藝術，它所研究的對象是整個的戰場。」[51]克勞塞維茨（Karl von Clausewitz）認為戰略是「使用會戰作為達到戰爭目的的手段。嚴格說來，它（戰略）所注意者應為會戰而已，但其理論必須把這種真實活動工具－即武裝部隊－包括在其考慮之內。」[52]毛奇（Helmuth von Moltke）認為「戰略是一套專門的權宜之計，它不只是知識，還是知識運用於實際生活，連同按照不斷變化著的環境形成一種原創性的想法，它是在最困難狀況壓力下行動的藝術。」[53]

李德哈達（B.H.Liddell Hart）認為，「戰略是一種藝術，分配和運用軍事工具，以來達到政策目的。……戰略所研究的不僅只是限於兵力的調動，……更注意到這種運動的效果。當軍事工具的運用，……此時，如何處理和控制那些直接行動的方法，遂被稱作是戰術。」[54]薄富爾對於戰略概念有兩個層次說明，一為「兩個對立意志，使用力量，以來解決其爭執時，所用的辯證法藝術。」[55]二為「戰略…是一種思想方法。其目的就是要

[51]約米尼著， 鈕先鍾譯，《戰爭藝術》〈The Art of War〉（北京：廣西師範大學出版社， 2003 年），頁 47 。
[52]克勞塞維茨著，鈕先鍾譯，《戰爭論》〈On War〉（北京：廣西師範大學出版社，2003 年），(此書為精華版)，頁 50。
[53] 同註 42，頁 276。
[54]李德哈達（B.H.Liddell Hart）著，鈕先鍾譯，《戰略論》〈Strategy〉（台北： 軍事譯粹社印行，民國 69 年），頁 382。
[55] 同註 48，頁 27。

整理事件，將它們照著優先順序來加以排列，然後再選擇最有效的行動路線。」56

　　二大戰後，美國成為戰略研究的主要國家，其戰略概念論述具有代表性，若以研究者區分，可以區別文人研究，－ 如肯楠（George F.Kennan）、季辛吉（Henry Kissinger）、保羅.肯尼迪（Paul Kennedy、魯特瓦克（Edward N .Luttwak）－ 與軍人的研究，這裡僅舉出魯特瓦克所列的定義，戰略是「在戰爭與和平時期，發展和運用必要之政治、經濟、心理和軍事力量，為國家政策提供最大支援，以便增加勝利的可能性，獲得勝利的有利後果和減少失敗可能性的藝術與科學。」57這個定義已經進入多元力量選擇與運用，並以國家的角度看戰略。在美國之外的西方國家，尚有越出傳統戰略概念的學者，如法國蒙布里亞爾（Thierry de Montbrial）的戰略認知，他說「戰略是有目的、主動、困難的人類行動的科學（如果選擇強調知識和方法）或藝術（如果突出經驗）。」58蒙氏的說明，將科學與藝術的研究意義呈

---

56 同註 48，頁 16。
57愛德華.魯特瓦克著〈Edwar.N.Luttwak〉著，倪齊生編輯，軍事科學院外軍研究部譯，《戰略－戰爭與和平的邏輯》〈Strategy Logical of WarAnd Peace〉（北京：解放軍出版社， 1992 年），頁 245。原文引自，美國參謀首長聯席會議編，《美國軍語綜合用法辭典》，(1964 年)，頁 35。
58蒂埃里.德.蒙布里亞爾〈Thierry de Montbrial〉著，莊晨燕譯，《行動語世界體系》（北京：北京大學出版社，2007 年），

現出來，具有理解的指引作用。

二、中國戰略概念的主要成份

　　西方古典戰略概念發展的過程，在十八世紀後期，經過畢羅與梅齊樂的思考，戰略從戰術中提煉出來，從中國觀點，戰略語意雖然是翻譯西方古典兵學而來，但戰略的語言卻早已存在，主張「戰略」在中國是一種後設語言，精確的說，指的是概念語意，而不是語詞的指示。

　　「戰略概念」語意，將其轉為研究中國的古典戰略思想，必須掌握戰略概念的整體意義，西方戰略概念至今，發展成總體戰爭、大戰略的戰爭戰略，及正在發展的「和平時期的戰略概念」方向拓展，皆具整體意義，但與中國的總體思考概念仍具差異，這也是中國古典兵學的特色。

　　戰略語詞在中國早已存在，但並未形成主流論述的對象，在中國的用語與語意的表達，「兵」是主要概念，若要與西方語言比較，「戰爭藝術」是比較相對應，但是西方戰爭藝術，克勞塞維茨的理解是「有關物質因素的全部知識和技巧。」[59] 而中國對於兵的概念，早就不是

頁 120 。

[59]克勞塞維茨著， 鈕先鍾譯，《戰爭論》〈On War〉(台北： 軍

111

如此狹義。

　　中國論兵，並非如西方的理解，在先秦的兵書中，整體視野論兵，已經是常態了，「兵之道莫過乎一，一者能獨來獨往，……一者階於道、機於神、用之於機、顯之在於勢、成之在於君。」[60]

　　「一者」整體之謂也，既然是一種「整體論」的思維，必然有其對象與結構，兵可以解釋為「戰爭、文武、權力、刑具、詭道、禮義忠信〈干預之準據〉。」[61]內含中早已脫離戰爭實體意義，走向政治性的本體論述；

　　結構上，孫子的「道、天、地、將、法」，以及上述所引的，「道、神、機、勢、君」，以及大陸學者洪兵所列結構「勝、力、利、道、形、勢、柔、知、專、度、奇、變、致。」[62]。而洪兵所論結構，在探求中國戰略原理的規範結構，太公兵法與孫子兵法則以行動單元的體系，整體思考戰爭的基本結構元素，包括了治國因素，

事譯粹社印行，民國 68 年），頁 195。

[60]南懷瑾主編， 王陽明撰，《王陽明批武經七書二》（台北： 正統謀略學彙編初輯，出版時間？）頁 401。

[61]史美珩著，《古典兵略》（台北： 洪葉出版社，1997 年），頁 7-16。

[62]洪兵著，《中國戰略原理解析》，（北京，軍事科學院出版，2005 年），目錄與結構圖式。

而不僅僅是政治目的而已；

在形式上則是多樣的，中國古典兵學除了戰爭的論述，有的從心理與人際上的探求，如鬼谷子一書，有的從易經思想中引渡，如三十六計。

中國古典兵學與西方的戰爭藝術，具有較大差異，若以今天戰略概念中的大戰略比較，西方的大戰略在冷戰後，進入和平時期的運用，依據保羅.肯尼迪（Paul Kennedy）擴展大戰略定義，[63]目前的努力，只能說是運用思想方法，轉移至和平時期對事件的研究，而在中國的兵學是「經世治國」概念的一部分，這在本文後，論述中國大陸將西方大戰略與中國古典兵學與大一統的觀念結合，論述「國家大戰略」便能知曉。

其次，中國古典兵學在 1772 年（乾隆 37 年）首由傳教士阿米奧（Joseph Marie Amiot1718 年生）將孫子兵法譯成法文出版，[64]逐漸西傳，也提升了西方戰略思想中「謀略」的作戰指導地位，並逐漸的滲入西方的戰爭戰略思想中。美國情況最特別，他們把孫子思想，結

---

[63]保羅.肯尼迪（Paul Kennedy）著，時殷弘 李慶四譯，《戰爭與和平的大戰略》（北京：世界知識出版社，2005 年），頁 1-7，第一章拓展定義。

[64]王兆春等著，《中國軍事科學的西傳及其影響》，（北京：河北人民出版社，1999 年），頁 165。

合二大戰以後的各種衝突型態的戰爭，如越戰的小型戰爭、反游擊戰術、空地一體、尼克森的的謀略致勝論（指的是核子威懾）布里辛斯基的孫子地理學，轉移至地緣戰略拓展等等。」[65]如今，美國討論戰爭戰略理論時，必備的兩本書－德國克勞塞維茨的戰爭論與中國的孫子兵法－。

　　本文主要討論西方戰略概念，在後續的戰略概念發展模式的典範，將與東方型態進行對比，此地，僅以概念的提示，做出導引說明。

三、戰略概念演化的理解

　　戰略概念發展歷程，學者們綜整了幾個階段，如大陸學者劉繼賢的四階段區分「（一）十八世紀以前，所謂戰略......指為將道或是統帥藝術；（二）十九世紀至第一次世界大戰為戰爭爆發以後的作戰問題；（三）第一次大戰至第二次大戰間，則有了戰略概念，即最有效的運用政、經、外、軍諸種力量達到戰略目的的藝術；（四）第二次大戰以後，...戰略概念出現縱橫交錯網絡性的戰略概念。」[66]台灣的學者如孫紹蔚主張，最初時期的戰略

[65]同註 64 頁 164-200。
[66]劉繼賢、梁曉秋等著，〈戰略概念的發展〉，《戰爭與戰略問

思想，是指「將帥的藝術」；十八世紀至一次大戰前，是指「用兵藝術」；自二十世紀初期到二次大戰前期，是「運用軍事力量的藝術」；二大戰中期起至今（67 年）為「運用統合國力的藝術」。[67]

上述的分期與我們理解的緣起與演化論述，有些差異，鈕先鍾則直接從戰略概念做統整，列出四項意義「（一）一種和高級軍官有關的學問，此即所謂的將道；（二）戰略是藝術不是科學，這是指它（戰略）戰術和後勤不同的地方，後二者都是比較具有科學化的趨勢；（三）戰略只和戰爭發生關係，…戰略的範圍是僅限於軍事；戰略的應用只限於戰時。[68]鈕先鍾的說明是以「戰略意義」和「戰略、戰爭」關係上立論，從 1975 年出書的那個階段看來，鈕先鍾的立論是精確的，尤其是第三點，戰略只和戰爭發生關係，給我們一個啟示，便是戰略概念的意義會隨著戰爭型態與規模的轉變而變化。

依據前述歷史的流變、戰爭型態的變化，與毛里斯皇帝以專書形式出現為基礎，可將戰略概念的演展概分為：馬基維利前期階段、馬基維利至拿破崙前期，也就是梅氏與勞氏二分觀念的戰略概念出現為第二階段，拿破崙至薄富爾前期為第三階段，及二大戰至今四個階

題的研究》（北京： 軍事科學院出版社 1988 年），頁 91。
[67] 同註 49，頁 37-39。
[68] 同註 8，4 頁。

115

段，茲分述如下：

（一）馬基維利前期階段的戰略概念

　　從時間上思考，這個階段包括了希臘、東、西羅馬〈拜占庭〉時期，從觀念上省思，可從組織角色與戰爭、軍事層面去理解意義。

1、從組織角色與戰爭為思考的分析

（1）Strategy 語詞的原意，確實是指將軍，從功能來看，主要從是於戰爭活動的統領工作；從組織職務來看，又不只限於軍事範圍或是戰爭遂行，還包括了外交事務與內政處理。

（2）從戰爭角度來看，阿基達馬斯或伯理克利斯（主張財富為戰爭之母）戰爭討論的演說詞中，[69]我們可以發現，對於戰爭利弊的理性思考，戰爭宣戰與和平談判的考慮，戰爭規模與持久的研判，戰爭資源的計算，聯盟關係的分合等等，充份表現出現代戰爭思考所具有的總體性特色。

（3）魯特瓦克對西羅馬研究，從國家霸權與防務的角度，說明西羅馬戰略思維變化與因應情勢轉變歷程，說明了西羅馬存在的大戰略概念。

（4）毛里斯皇帝以戰略為名出書，一方面確定了戰略

---

[69] 同註 30，頁 81-116。

的意義，二方面展現了戰略的內容，包括了戰爭藝術
與國家防務兩大部分，戰略的專有名詞一開始便有
「大戰略」的根底。

2、從軍事專業的論著分析

（1）福隆提納《謀略》一書，在四十三篇的文章中，
除了沒有論述直接攻擊行動（有談會戰）外，講求的
是慎戰與間接作戰的手段，在第三章的戰略方向決定
案例摘要，讓我們明白，謀略也是戰爭的一種樣態，
與戰略尤其是間接戰略意義相似。福氏的思想是西方
戰略的兩大流派之一，只是這一派無法形成主流，等
到孫子兵法西傳，與李德哈達的間接戰略的專著出
現，才獲得了與直接戰略平等的地位。

（2）軍事論著所稱戰術，是以當時代條件來說明，戰
術的語言與今天的作戰意義比較接近，而非今天的戰
術一語，同時它也包括了指揮藝術。所以，鈕先鍾所
稱的將道〈將帥藝術〉是精確的。這也可以從 Art of
War 譯為「戰爭藝術」、「戰爭的技藝」、或者是「戰
爭用兵之法」看出，直到戰略一語出現後，才逐漸有
了分化。

　　概括地說，這個階段已經有總體戰爭、國家防
務的觀念，也就是具備今天的大戰略思維。從軍事
著作來看，戰術是核心思想，整體來說是指將道或
將帥藝術。

117

另外要指出的是，福隆提納的「謀略」思想，與維吉夏斯以羅馬軍隊的善戰為典範論述，無形中在軍事戰略上區分了戰術與謀略路線，也為今日直接戰略與間接戰略開了先河。

（二）馬基維利至梅齊樂階段

　　馬基維利以前的戰略思想不振，與西羅馬滅亡後，封建、莊園與騎士制度有關，李德哈達認為「在中世紀的西歐，所謂封建武士的精神是與軍事藝術互不相容的。…一般說來，他們在軍事方面的表現都是拙劣不堪。」[70]戰略空間不在，戰略思想自然萎縮。隨之文藝復興、宗教改革、火器誕生，與馬基維利對統一義大利的企圖，軍事思想變革在此環境脈絡下產生。

1、馬基維利的《戰爭藝術》，不論是否抄襲維吉夏斯的《軍事論》，他的思想是建立在羅馬軍隊的典範討論，比較特別的思維，乃是在討論帕提亞人（指蒙古西進）完全騎兵作戰，表現不穩定與變數大的作戰方式，此與羅馬步兵軍團穩定的、重紀律的模式相較，馬氏以空間的開放與侷限來評論作戰方式的適應，而不是孰優孰劣的主觀臆測，表示出東、西方戰略思想雙重認可性。[71]也表現了馬基維利的理性與戰略文化相對的態度。

---

[70] 同註 54，頁 67。

[71] 同註 39，第二卷，頁 78 。

2、馬氏以後的年代，有幾項變革的背景，理性啟蒙、知識論的二元觀、物理科學、工業革命、火砲武器、聯合兵制等各層次的發展，在再影響了軍事理論或是戰爭藝術的研究者。畢羅、梅齊樂與勞易德在這種社會條件下，產生二元論的新理解，有了戰略與戰術的分化。畢羅以空間論戰略與戰術；梅齊樂與勞易德的戰略概念觀點，可以引伸成四個意義，心智的直覺與創造性思維、作戰指導、戰術規律，不同於以往戰略概念停留在角色、功能、戰術的語言之中，而是從戰術或大戰術的本體中展露出來。

畢氏、梅氏與勞氏的科學二元思維方法，不但脫離了戰術的糾結，同時形成戰爭指導的意義，同時，進入到人的心靈與心智作用，讓戰略概念的發展不但可以在戰爭戰略上去說明，同時也帶出了思考方法及創造性思維存在的可能性。

戰略自戰術中提煉出來，形成專業的語意，讓「技和藝」有了明確的對象性，同時也見到哲學思辨對戰略思想的影響。戰略的抽象性，除了心智的創造性，還將思考方法的根源做出了暗示。

在這個階段中，戰略概念有了東西方不同特色表現形式的激盪，這是加拿大戰略文化研究學者江憶恩（Alastair Iain Johnston）相當重視的課題。

〈三〉拿破崙至薄富爾階段

　　這個階段是西方戰略概念發展蓬勃的階段。

1、拿破崙的主張，事實上，便是攻防頂點優勢之比，
具有會戰、交戰勝負關鍵的意義，這種主張直接影響了
克勞塞維茨「戰略為戰爭目的而使用會戰（戰鬥）[72]」
的戰略概念的說法。

2、從卡爾大公的定義中，可以發現兩重意義，戰略具
整體性、計劃性，指導性，定位性，所以它是統帥的「科
學」；而戰術是實現戰略計劃，是動態性、是持續性，
是變化性，而是各層級指揮者，必須具有彈性因應的心
智作為。

　　卡爾與梅、勞二氏，似乎在戰略與戰術分離的論點
上有所不同，實則不然，它指出指揮者面對狀態需要靈
活性，但作為指導性的戰略，一經確定，是不可以隨意
變換內容與方向，系統若過於隨機性，內生摩擦將形成
自我消耗。

3、約米尼所謂「圖上」進行之意，從他為戰略勾劃的
十三項細目觀察，[73]乃是對於戰爭全局的構劃，而實際
行動則稱之為戰術，與後勤構成作戰變量，約米尼的戰
略觀，乃是戰場實踐之整體作戰指導。

4、克勞塞維茨的會戰說，確實受到拿氏的影響，卻又

---

[72] 同註 59，頁 261 。
[73] 同註 51，頁 46。

120

比拿氏多了一個「工具」概念，戰略乃是使用武裝部隊為工具，透過會戰形式的手段，達到戰爭的目的。但是，克氏的思想卻又有了另一層的提升，「戰爭藝術就是在戰鬥中使用指定工具的藝術，對於他沒有比「戰爭指導」更好的名詞。」[74]戰爭藝術的內容脫離了作戰指導的語言，給出了戰爭戰略的可能，而富勒直接以《戰爭指導》為書名，戰略概念又有了轉變。

5、毛奇的戰略概念相當特別，其透露了以下幾個分項概念，戰略乃權變之術、是一種知識、必須運用於實際生活〈生活世界〉、因應環境需求、不斷變化、需具原創性想法、壓力情境的行動藝術。毛奇哲學性的思考，拓展了戰略概念本質性的寬度。

6、李德哈達的定義，有三個重點，一為戰略具有不確性、多變性、是一種心智的活動；二為分配和運用的概念，分配與運用乃是決定以軍事為主要力量，以進行任務遂行的決定，並對於資源進行有效的安排。三為政策目的服務。

7、薄富爾的戰略意義，針對行動上的表述，表現出對立性、意志〈意向與決心〉、用力、辯證法藝術；針對思考方法，說明了決定政策過程的理性思維。對於戰略意義來說，薄富爾的定義具有較普遍性意義，魯特瓦克評價為，「既合乎規範，又是在敘述的基礎得出的，與

---

[74] 同註 59，頁 186。

我在本書闡述的觀點不謀而合。」[75]薄氏戰略思考與定義，影響了法國的戰略研究，蒙布里亞爾的論著，便是薄富爾行動戰略與戰略思考理念的展現。

　　總而言之，這個階段的戰略概念，展現出以往不同特色，具有哲學思辨與內涵的拓寬性。其主要的特質如下：

〈1〉哲學與物理科學的影響：如辯證思維、意志哲學、物質論、實用主義。

〈2〉戰略的指涉提高：進入戰爭指導或戰場指導的層次。

〈3〉定義的抽象度提高：如權宜之計、對立意志。

〈4〉戰略的使用：工具性、效能主義。

〈5〉戰略具有思考性與選擇性概念：總體思考方法、資源安排。

〈6〉戰略具有根本性：多變性、不確定性。

〈7〉為政策目的服務：上升至國家層次。〈與國家政策相結合〉

〈四〉二大戰後至今－大戰略

　　在此階段戰略概念向大戰略層級提升，李德哈達認為「大戰略……政策在執行中，……大戰略的任務，就是協調和指導一個國家〈或是一群國家〉的一切力量，

---

[75] 同註 57，頁 246 。

使其達到戰爭的政治目的。」[76]，薄富爾的總體戰略，強調的是「面對各種不同形式的戰略，……將其結合成為一套有協調的行動，並指向同一個〈總體戰爭〉目標。」[77]。二大戰後，戰略的研究重心轉移到美國，李德哈達的大戰略與薄富爾總體戰略觀念，也為美國所繼承。1952 年的美國《海軍語辭典》，提「戰略為運用一國全部國力，以支持國家政策之藝術與科學。」[78]直到 1964年美國聯席會出版的版本，也不出這個範圍，觀念已經相當穩定。鈕先鍾總結美國戰略概念的意義，區分為「範圍：平時與戰時；運作：發展與運用；工具：政治、經濟、心理、軍事權力；性質：藝術與科學。」[79]鈕氏遺憾沒有把「分配」列入，有一個很重要的原因，是「誰來分配」，這是權力問題，若從國家層次而言，自不宜由軍事單位，去做政策上的分配。

　　美國的戰略概念是以國家為中心，如果保持在戰爭戰略的範疇內，基本上並不會與其它的研究學科重疊，這也是格雷將貝茨的文章放在《當代戰略》的序言上，讓讀者自行去評斷的原因，但是，跨出戰爭戰略的範疇，

---

[76] 同註 54，頁 383 。

[77] 同註 48，頁 38。

[78] 同註 49，(附表部分)。

[79]鈕先鍾著，《戰略研究入門》(台北： 麥田出版社，1998 年)，頁 39 。

則必須看行動單位的體制來決定。

　　至於大戰略的思想，隨著李達哈達的大戰略與薄富爾的總體戰略，傳至美國後，轉變為國家戰略的表述，由於這三個戰略概念，不但具有軍事戰略也具有國家力量總體投入的政策匯集，冷戰結束前，大戰略之戰爭戰略成為習慣性思維，冷戰後，這部分也成為數個交叉學科間的爭議焦點。

　　當代戰略研究中，蒙布里亞爾的論述，相當具有特色，戰略在蒙氏的觀念，既有知識性、方法性、又有經驗性的觀念概括，其戰略概念的核心，轉為薄富爾的行動戰略主張，同時呈現各種因素的組合，戰略意義與薄富爾的思想接近，但又跳出軍事或戰爭的範疇，向著學科整合的方向發展。

　　戰略概念至今的發展，可以歸納為三大部份：一是大戰略思想對戰爭的跨越性－ 和平問題的討論；二是戰爭戰略的範疇意義；三為創新的心智思維與思想方法的意義。

叁、戰略概念的結構性

　　結構是一個多義的語詞，若從事物的組成觀察，是指「各個事物的構造形式、構成方法；及指這些構造的

組成原料。」[80]結構也保持著一定形式的存在，與它自身的功能相連繫著，所以「結構是功能的基礎，而功能又使結構從一般的存在變成具體的存在。」[81]結構也具有動態性，李幼蒸視結構為，「成分間或基本過程間的一個關係網。」[82]這是從結構因素關係與體系上來思考。從功能的解釋認為「 本來看起來是極其雜亂無章的現象，現在則形成了迄今未曾預見的一個秩序的部分。」[83]體系、結構、因素、功能、關係，是討論結構理論的主要對象。

　　所謂結構「具體的存在」，是指向實體，對戰略概念來說，便是「實體力量」轉為工具性的存在與作用，「成分」則是戰略結構組成要素，「過程」乃是行動的時序作用，從初始走向目的的有序功能表現。戰略行動的戰略性包含著策略性，從社會實踐哲學的觀點，策略性行動與溝通行動，最大的差異，在於後效關聯的行動理據的存在，猶利安尼達諾姆林(julian nida-rumelin)認為「策略的理性對應於關聯後效的行動理據，而溝通的理性對

---

[80]高宣揚著，《結構主義概說》(台北；洞察出版社，77 年)，頁 60 。

[81] 同註 81，頁 63 。

[82]〈比〉J.M.布洛克曼〈J.M.Broekman〉著 ，李幼蒸譯，《結構主義》(台北：谷風出版社，民國 76 年)，頁 9 。

[83] 同註 81，頁 8。

應於不關聯後效的行動理據。……只有當策略性在束縛個別行動之際，導致一個結構連結時，它才能有效。」[84]亦即行動進入結構後，方有有效性後果的可能，戰略行動與現實的環境結構具有相關性，自身也將在與環境互動下產生自我的結構特質。

綜上所述，戰略概念的結構，是環境結構中的特殊結構體系，戰略概念有其自身的結構性。以下我們從結構觀點，討論戰略概念的結構性，並依據邏輯發展，從本質、因素、系統模型，三個層面的結構性，以理解戰略概念中所具有的結構旨趣。

一、戰略概念的本質結構

由於戰略概念不斷演化發展，學者針對戰略特質，提出各自見解，呈現多元論述：有的針對行動環境、有的針對人類基本存在的觀點、有的從狀態的可調控性出發，有的從對立現象著手，更有的訴諸理念的表達。這也是建構現象的多元特點。

（一）不確定性

杜威〈John Deway〉曾提到，「確定性的尋求是由

---

[84] 猶利安尼達諾姆林〈julian nida-rumelin〉著，史偉民譯，《結構性的理性》（台北：左岸文化出版社出版，2006年），頁67。

於不安全而引起的。……由於人類缺乏調節的藝術，於
是安全的尋求流為一些不相干的實踐方式。」[85]或許在
杜威的心裡，戰爭便是不相干的實踐方法之一，但這也
是存在現象的事實，杜威的語言襯托出不安全的因素，
便是面對不確定性，以調節的藝術，去除不確定性，以
達安全目的。

　　若從戰爭為對象討論不確定性，克勞塞維茨認為「戰
爭是一種不確實性的境界，……戰爭是一種意外的領
域。」[86]這是軍事天才綜合表現的場所，不確實性須靠
智力揭示，偶然性則有賴於眼力觀察。蒙布里亞爾對戰
略預測與評估的主張，想方設法對付意外，[87]克服不確
定性，與杜威具有相似的思緒。戰略目標的實現，必須
讓戰略環境的不確定性降至最低，在過程中侷限相對的
自由度，而讓確定性顯現。所以，戰略行動，便是克服
不確定性的過程。

（二）生存性

　　鈕先鍾基於全程戰略的觀點，曾指出，「戰略的目的
即為生存，又或是安全，如何圖存，如何求安，這種學

[85]杜威（John Deway）著，傳統先譯，《確定性的尋求–關於
　之行關係的研究》（北京：上海人民出版社，2004 年），頁
　256 。
[86] 同註 59，頁 152-154 。
[87] 同註 58，頁 281。

問的研究即為戰略。」[88]在鈕氏觀點，圖存求安乃是長
治久安的另一種說法，是戰略追求另一個層次上的描
述。在冷戰初期，意識形態的對立相當明確，John. E.
Kieffer 便以美蘇國家基本政治信仰的差異作為比較，提
出求生存的主張，並撰就「求生存」概念的戰略著作，[89]
為避免傳統思想、文化、生活方式，為蘇聯的共產主義
的形態所替代。「生存」是有機體存在的基本樣態，存在
方能討論行動未來。「戰爭」乃是生死交關的情境，戰略
乃是在絕境中，如何求得生存的指導作為，戰爭與戰略
彼此密切聯繫，求生存便成為戰略概念的本質，亦視為
戰略的根本哲學。

（三）控制性

　　美軍事學者辛普生(B.M.Simpson)認為，戰略「是
一種對權力的綜合指導以求為達到目標而對於地區和情
況建立控制。戰略……就是一種為了發揮某種指定效果
而作的控制。戰略的要旨即為控制。[90]」辛普生對於戰
略概念直指「控制」，以及在控制過程的「彈性」作為，
這樣的描述，是指面對一定地區或範圍，針對任務的事

---

[88]鈕先鍾著，《戰略思想與歷史教訓》(台北：軍事譯粹印行，
民國 68 年)，頁 65 。

[89]詳參 John. E. Kieffer 著，《Strategy For Survival》(New
York：1958 年)，第一章為何要有求生存戰略。

[90]辛普生 B.M.Simpson 著，鈕先鍾譯，〈論戰略理論〉《 三軍
聯合月刊》(台北： 民國 62 年 8 月)，頁 14 。

態發展，進行有序的安排或是能在我之意識下，做出有序的發展。但最終乃是為達目的，避免行動偏離。以控制性視為戰略概念的本質，在戰爭戰略範疇，直指運作戰略層次中的核心功能，具有實質上的意義。

（四）矛盾性

　　矛盾性是對於事件認知的一種判斷，是一種對立性的反向邏輯，毛澤東的軍事辯證法理論，也是戰爭認識思辨的根本方式，他說「戰爭的指導者認識的對象，必須包括敵我兩個方面，因為戰爭這種矛盾，是在敵我雙方之間展開的。」[91]作為戰爭戰略的討論，戰略的矛盾性是明確的。美國學者魯特瓦克，主張在戰略行動中的反常（矛盾）邏輯思考，「戰略的反常邏輯做為一種客觀現象，……一但把時間作為一個動態因素時引入，我們就能從總體上認識到這一個邏輯。」[92]

　　矛盾作為形式邏輯與辯證邏輯的交集點，是具有經驗與觀念的特點，也是一種認知思維。矛盾與衝突是可以連結，如戰爭的矛盾與衝突的顯明性；但是，從認知思維到行動衝突的情狀並非絕對的，這種迷思必須進一步的澄清。以矛盾作為戰略的本質，這個戰略應是指涉戰爭戰略為對象較為恰當。溢出戰爭戰略的戰略概念部

---

[91]李際均著，《軍事理論與戰爭實踐》（北京：軍事科學出版社
1994 年），頁 69 。
[92]同註 57 ，頁 17 。

129

分，並非認為矛盾的不存在，而是矛盾與衝突之間的必
然性，必先獲得解釋。

〈五〉理性善的追求

　　鈕先鍾曾將戰略家與醫師做一個類比，認為「戰略
仍為一種經世之學，研究戰略主要還是為了學以致
用，……醫學的目的是為了救人，戰略的目的是為了救
世，而絕對不是殺人。」[93]註鈕氏的觀點，是一種內在
超越精神的揭示。

　　杜威為解決宗教與科學之間的分離，提出哲學應該
成為科學與宗教間的界面，而且主張哲學必須是入世，
他認為「人們必須在其中應付實在並與之相處的日常實
踐。走出這一步，行動這個範疇就獲得了前所未有的地
位。……呼籲，……從逃避世界轉為介入世界，」[94]這
也是他所主張理想的善與內在超越的實踐。這裡將鈕先
鍾「救世」的戰略理念與杜威「理想善」的行動實踐聯
繫呼應，讓戰略成為戰爭與和平斷裂的介面體，實現理
想善的導引實踐，將有助於未來戰爭與和平事務的討論
或發展。

---

[93]鈕先鍾著，〈戰略與思想方法〉，《大戰略漫談》(台北：華欣
事業出版社，1974 年)，頁 128 。
[94]同註 85，頁 002-003。

二、戰略概念的要素結構

　　要素結構乃是結構體的自身組成元素，各種不同的元素聚集，透過彼此之間的互動、影響、滲透、融合的作用，使得結構動態體系得以確立，這個結構體能為研究者所觀察，透過解析方式，得以分化，以下試就四種論述，說明要素結構與戰略意義間，所存在的關係。

（一）鈕先鍾整體要素說

　　鈕先鍾提出，「戰略是一種思想、計畫、和一種行動，......我們同時有戰略思想、戰略計劃、和戰略行動。」[95]三種不同涵意的戰略語言，是從戰略被分析與功能理解上，所進行區分，它具有戰略思想、戰略計劃、戰略行動的面向，「儘管思想、計畫、行動是三種不同的功能，......但是他們又還是三位一體，綜合起來構成戰略的實質。」[96]所謂三位一體，乃是針對現實生活世界，是一個持續性、連續性的實在，需要整體戰略體系的實施。思想是理性認知與歷史的沉澱，計畫乃是目標與手段對預期的規範，而行動乃是進程的實踐，所作的資源投入與各項因素的調和。這就是為何戰略是一種「整體

---

[95]鈕先鍾著，〈漫談戰略思想〉，《大戰略漫談》(台北：華欣事業出版社，1974 年)，頁 107 。
[96]同註 95，頁 107 。

性」，而不純粹是方法上「整體或個體」問題。戰略概念的整體系統，指出了戰略運行具有缺一不可，三位一體的整體特徵。

〈二〉福煦〈Ferdinand Foch〉的力、時、空因素說

我們以福煦所主張「戰略是個力、時、空的問題」為背景，說明戰略要素的力、時、空因素。李黎明曾以力、時、空作為戰略的簡約元理與討論戰略的起點，作為智略思想的分析因素，其後，加上了主動與被動，形成四個象限的模型論述。[97]力、空、時是以經典物理的思想為借鏡，這是一個物質運動的理論說明，從軍事運動的現象觀察，李氏模型中道出了力、時、空要素的不足，他在因素中加入了「主動與被動」的運動形式，這就必須加入「能動」的要素，換句話說，要成為較為完整的戰略概念，一個是由奧斯特瓦爾德（Friedrich Wilhelm Ostwald）所主張的「能量說」，也就是「能」，其次，則是人的驅動力「意向與智慧」，如果將「力、時、空，配上能與智」考慮，則較為周全。這個觀點從薄富爾的主張便能獲得，他說「時間、空間、所能動用之力量規模和素質（精神），……不過還應加上一個更複雜的因素，那就是我所謂的「動作」。[98]動作便是行動，換言

---

[97] 李黎明著，《轉軌─變遷中的戰略思維》（台北： 時英出版社，2001年），頁99 。
[98]同註48，頁46-47 。

之，力、時、空之外，還有精神與能動性，當較為完整，完全物理性思考，先天並不是很完整的概念。

（三）克勞塞維茨的五要素說

　　戰略的要素可區分以下幾類，「精神要素、物質要素、數學要數、地理要素、統計要素。精神要素是指指揮官才智、軍隊武德的民族精神。物質要素為軍隊數量編成，數學要數指的是作戰線與運動的向心與離心度；地理要素指地形的影響；統計的要素是指補給手段。」[99]克勞塞維茨的觀點已經相當完整，包括著思想、思考、武德、民族精神、科學計算、地理，是基於一個武裝部隊，在作戰行動上所需要考慮的要件。也是立基於戰爭戰略的範疇所進行的思考。

（四）萊卡的目的、方法、手段說

　　美國陸軍上校萊卡（Arthur Lykke）　主張「戰略是目的或目標、方法或概念、手段或資源各個層次性的組合。」[100]他將此戰略要素的組合，進行各個案例的詮釋，且深獲學生的好評；但是該書的作者卻認為，學生因此失去嚴謹的程序性、科學性的思考。相同因素的表現，尚有中共軍事學者主張「戰略...都是由戰略環境、戰略

[99] 同註 59，頁 271 。
[100] J.Boone Bartholomees Jr . ed.,Theory ofWar and Strategy ,3rd edition. US,Army War College Guide to National Security issus . Volume 1（june,2008）. p 3

目標和戰略手段這三個要素構成的。」[101]簡化為目標、環境、手段。法國學者蒙布里亞爾從行動戰略的角度，提出「目的、主動、困難」[102]蒙氏提出的戰略概念要素，相當的特別，「目的」是指行動單元的意向性，「主動」則強調循著目標與計畫積極作為的意願，「困難」則是表現出目標設計的主觀性與他者行動交叉狀態，可以稱之為矛盾、摩擦、對立、障礙的語詞形容。針對行動而言，簡單的三個要素概念，如能配合經驗（包括實踐的、歷史的），可以帶來即時反映狀況的一項便捷思維過程模式。

三、戰略概念結構模型

「一個模型就是對有關某個現象的理念或知識形式化表徵。形式化表徵，體現了邏輯嚴密性的必要。」[103]建構模型的目的便於分析現象，也可以為理論推演形塑架構，為預測性推想提供一個路徑。

〈一〉約米尼戰略概念的模型

從約米尼戰爭藝術定義中觀察，純軍事行動的考

---

[101]糜振玉等著，《中國的國防構想》（北京： 解放軍出版社，1988 年），頁 48 。
[102] 同註 58，頁 81 。
[103] 同註 58，頁 160。

慮,乃為戰略學以下的部分;戰爭中與外交有關的部分,
為政略的部分,但在複雜環境下,政略必須加上軍事性
的考慮,成為軍事政策的範圍,換句話說,從政略中考
慮使用軍事工具時,乃成軍事政策,為戰略與政略之間
的聯繫鎖鏈關係。而戰略成為軍事行動的指導作為。[104]

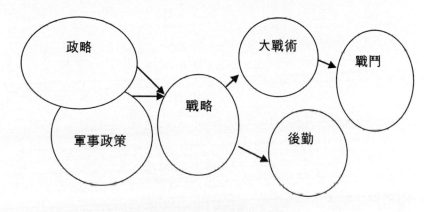

圖一、約米尼戰略概念模型

資料來源:約米尼著, 鈕先鍾譯,《戰爭藝術》〈The Art of War〉

(北京: 廣西師範大學出版社, 2003 年),首頁定義編成。

〈二〉薄富爾總體戰略模型

　　圖二乃是由上而下的一種指導,總體戰略的統籌下,
區分分項戰略,作戰戰略(分支戰略)、戰術與技術。

---

[104]同註 51,頁 3,從定義的描述思考所繪。

此乃是直接戰略與間接戰略的總體分劃，政策決定目標，總體戰略與目標的關係是一種相生關係，作者是以一條橫虛線將政策與總體戰略作成聯繫。[105]

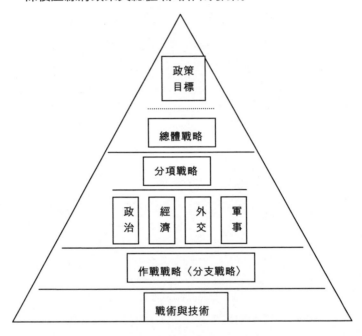

圖二、薄富爾總體戰略模型

本圖參考：薄富爾著，鈕先鍾譯，《戰略緒論》（台北：麥田出版社，民 85 年），頁 38-40,172，繪製而成。

---

[105]同註 48，頁 38。本圖依據薄富爾戰略的分項一節的描述，
　勾劃而成，依據薄富爾的概念，他主張在戰爭總體性下，應
　有總體的戰略，他以金字塔的概念說明各種戰略的層級體
　系。

魯特瓦克的反常邏輯模型，是相當特殊的模式，縱向是屬於一種層級上的區分，橫向指的是相關影響因素的變化模式，變化模式所考慮的乃是和諧性追求，也就是五個層級之間的任何一個層級的變化，都會相互影響作為，產生不和諧現象，表現出成功、頂點、反向的動態現象軌跡的變化〈如圖三〉，因此因素之間，所追求的乃是和諧的成功頂點，避免體系上的任何層級因素，過度的追求反生衰退失敗的結果。[106]

　　魯特瓦克更將戰略縱向靜態的總體性，與橫向動態的總體性，連在一起，運用作用力與反作用力的原理，以說明成功頂點與衰退反向變化之間的關係，換言之，魯特瓦克的模型所呈現的，是牽一髮而動全身，任何因素投入戰略系統結構中，任何層級若沒有同步相應變化，反常（矛盾）邏輯必然出現。這也是另類的理想戰爭戰略的論述。

---

[106]同註 57，頁 113-237 。從垂直與水平之各層次與動態間關係繪制。

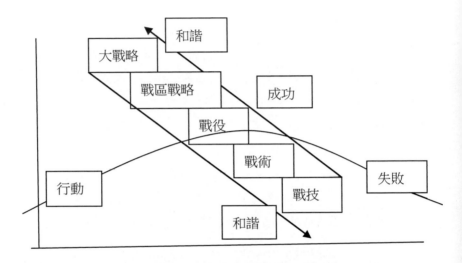

圖三、魯特瓦克垂直與水平模型

資料來源：愛德華.魯特瓦克（Edwar.N.Luttwak）著， 倪齊生編
輯， 軍事科學院外軍研究部譯，《戰略－戰爭與和平的邏輯》
〈Strategy Logical of WarAnd Peace〉(北京：解放軍出版社 1992
年)，第十五章的解釋，進行繪製。

〈四〉美國陸軍戰爭學院模型

　　該學院的戰略模式的論述，表面上與魯特瓦克的思
維有相近之處，實質上，戰爭學院的模型，卻因戰時與
平時功能的區分，產生了討論的困難。該院的戰略論述

區分兩部分：一部分是指國家戰略之下的水平關係，也就是國家戰略指導下經濟、心理、政治、軍事四項戰略區分，和平時期個別在自己的條件下，展開自己的戰略功能，這是明確的部分。而軍事戰略下區分戰略、作戰、戰術三個層次，這也沒有理論的困難。但隨環境變化與國家政策的需要下，將軍事戰略的縱軸與國家戰略的水平因素形成交叉後，以軍事戰略為主體的設計關係，其它三項戰略成〈政、心、經〉為軍事戰略的因素，便產生了模糊性，由於「因素間無法明確的被定義區分，是每一個政府所要面對各成員間曖昧的、重疊的角色關係，這是克勞塞維茨所稱的戰爭之霧問題」[107]這也是戰略整體性必須面對的體制問題。〈如圖四〉

[107]Edited by J.Boone Bartholomees Jr ."Theory of war and strategy," 3rd edition. US, Army War College Guide To National Security issus. Volume(june2008),p.9

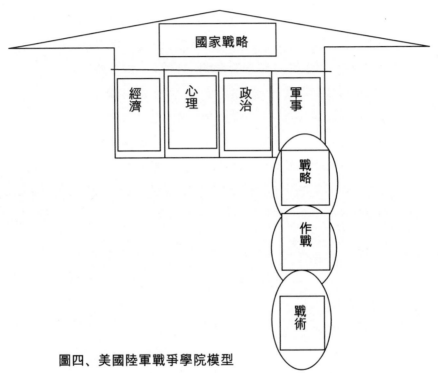

圖四、美國陸軍戰爭學院模型

資料來源：J.Boone Barth omees, Jr,. " Theory of War
and Strategy",Department of National Security and
Strategy. US,Army War College Guide to National
Security issus . Volume 1，3nd，（June 2008），p9

四、戰略概念結構意義的理解

　　上述的結構分析，是屬於文本上的描述，並分離出來各個不同模式，循著推論方式，進一步理解「戰略概念」結構意義。

（一）本質上的理解

　　不確定性是哲學「存在本體論」與「知識論」上的問題，也是實踐上的議題，本文從行動實踐層面上說明。不確定性相對於目標獲得的確定性來說，戰略確實是在不斷克服不確定性因素，克服環境的不確定、互動上的不確定，與人的自由性。環境因素是來自於設想之外的變化，如天候差異性的突變，迷途的地理形勢的困惑；互動上的不確定，乃是在運作過程，彼此間運動消長關係所產生的不確定，這種關係的發生與雙方力量調度的變化有密切的聯繫；人的自由性，指的是人活動的意識與無意識所交織的決定性行為，這是從意識思維的多變性考慮。這裡便可以反思克勞塞維茨的戰爭迷霧，其非僅止於戰場迷霧的現象而已。

　　生存性對應於生死交關的關鍵性現象解釋，將生存視為戰略概念的根本，是從戰爭的爆裂性與結果性來考慮。例如孫子言，「兵者，國之大事。死生之地，存亡之

道，不可不察也。」[108]表現出戰爭爆裂性的生存觀點。
Kieffer 則是考慮生活型態的整體改變，作為生存意識的
表達。但要真正理解戰略的生存性本質，建構性的說明
是不夠的，有必要從生成性的觀點，進一步的探究，讓
戰略的根本，能清晰的被揭示出來。

　　控制性對應於操作性作為來思考。控制性乃是有序
性維護與無序性的排除，其目的乃是在過程中朝向設想
目標的達成，控制性的操作必須要有工具配合，隨著層
次不同與控制目的差異，則有不同手段的選擇與搭配，
控制性在戰略概念中是處於一種方法或手段的本質表
現，在理論上來看，從維納「控制論」著作發表後，伴
隨著系統論。自二次世界大戰後，一直方興未艾。[109]但
必須了解機械的控制性與有機活動體的控制，不但具有
動、靜態的差異，也具有時間間距的差別。

　　矛盾性經常與對立性、否定性與衝突性聯繫在一
起，在這裡必須辨別這四個不同的名詞，矛盾性可以從
邏輯上來思考，形式邏輯的矛盾律，辯證邏輯的矛盾性，
以康德的說法就是二律背反的問題；[110]同時也可以從實

---

[108]鈕先鍾著，《孫子三論》(北京：廣西師範大學出版社 ，2003
年)，校譯本〈始計篇〉。
[109]金觀濤 華國凡著，《控制論和科學方法論》(台北：谷風出
版社，民國 77 年)，頁 3，序。
[110]詳參鄔昆如著，《西洋哲學史話》(台北：三民出版社，民國

存的現象中去觀察，如作用力與反作用力、運動與磨擦等現象的矛盾關係。戰爭是種矛盾現象的本質，雙方的對立性強，它也是一種衝突的狀態，衝突來自於相互的否定，這裡可以將戰爭之所以如此暴力呈現，可將矛盾、對立、否定、衝突的邏輯或實在現象的程序聯繫在一起，從戰爭面觀察，具有近似的符合性。

至於戰略的超越性，杜威期望哲學能進行內在超越，走入生活世界，以理想善作為宗教與科學背離的介面，讓三者結構調和，產生確定性，使人類脫離不安的情境，而鈕先鍾則以「救世」的觀念，以宗教家的情愫，引導戰略概念的超越。在鈕氏的觀念中，「長治久安」是一個核心觀點，這是從中國傳統文化 －「經世濟民」－的理想，孕育而出的超越概念。如果將戰略停滯在西方的語言系統內，戰略的超越概念，目前實有過度論述之嫌，若能採以文化相對主義的尊重態度，鈕氏的戰略超越性信念，將可補充戰略的實用效能主義的不足。

（二）戰略概念要素性的理解

概念要素是形成整體或是系統的基本元素，要素在整體中有自己的位置，並且發揮功能，以支撐整體系統或整體功能的實現。戰略概念的基本要素，正如前述四

---

74 年），頁 581-582 。

類要素類型的組成。

　　鈕先鍾的要素，有如管理學將原料、生產、銷售、消費串聯形成價值鏈體系，使得經營者能以整體系統，去思考、掌握與創造利潤，借用此一觀點，說明戰略要素之戰略思想、戰略計劃、戰略行動，在整體中構成戰略鏈一體化的典範。戰略思想是抽象理論的陳述，存在文本之中，是戰略思想家所面對的重心；戰略計畫是思想與實踐、指導與現象的聯繫橋樑，是戰略擘畫家所要面對的課題，是存在思維之中；戰略行動則是實踐家面對的實境，是具體與效能的展現，是存在於現象界中；戰略思想與戰略行動不同，一個是抽象的學術語言與文本展示，另一個則是面對可能的與現實的各種結構所拘束的場域，兩者之間需要有個轉化器。戰略思想與戰略行動中的介面，便是戰略計劃，如何將思想語言轉化為面對現狀與預期的行動結果，計畫是一個重要的步驟，計畫是思想語言的轉化站，也是理性展現的保障，而計畫是戰略行動的操作性語言的指導，三者關係是一種價值鏈的呈現，誠如鈕先鍾所言，三者是三位一體的總體關係。

　　其次，是力、時、空、三要素說，是以物理結構說明戰略的活動性，但其缺了兩個要素—「能與智」。除此之外，量子力學的物理典範與經典的牛頓物理典範的差異性，讓經典物理有了補充，自然科學的研究方法自身，

也產生了不確定的理解，力、時、空說，面對經典物理的不足性，也同樣表現在戰略概念自身的不足，以及須要「能與智」的完整補充。克勞塞維茨的五要素說，是從戰爭的現實中歸納出來的要素，如果能將「技術要素」從物質的說明中獨立出來，更符合戰爭力量的表現，美國陸軍戰爭學院，便在政府、人民、軍隊的克氏三位一體中，加入了「技術」（如圖五），[111]而將技術放置於核心地位，便可以理解。 至於萊卡的模式，既是戰略概念中的組成要素，也是戰略思考的簡易程序模式。

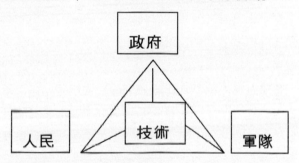

圖五、以技術為核心的四位一體圖示

〈三〉戰略概念結構模型的理解

　　藉由前述約米尼、薄富爾、魯特瓦克、美國陸軍戰院的模型，得知戰略概念形成體系的發展性與邏輯性。約米尼的模型，是因為政略與戰略之中，仍有軍事的政

---

[111] 同註 107,p.5.

治性關係，因此產生了軍事政策的環節，作為政略與戰略的聯繫，這是約米尼模型的貢獻，也是針對戰爭活動理論的進一步發展。其次，薄富爾的觀點，值得注意是，「在政府（即最高政治權威）的直接控制之下，其任務即為決定總體戰爭應如何加以指導。」112因此，在模型中加入了政府決策角色的目標決定部分，後再決定總體戰略層次，目標與總體戰略是不可分的，在往下發展成為分項戰略等等，薄富爾的觀點是在戰爭的總體性，並以總體戰略為指導的主體，分項戰略或為客體或為主體，則是經由直接或間接戰略選擇的決定，雖然它有間接戰略的構思，但仍在總體戰略的指導下進行，這是必須掌握的理論推演關鍵。

魯特瓦克的觀點是比較複雜的理論模型，將戰略層級區分五項，並未如一般的區分軍事戰略與多種戰略上的區分，其將水平因素，視為運動的和諧或不和諧性的調節概念，認為五種縱向的戰略形式，必須處在戰略的和諧上，否則走向衰敗的命運。最特殊的乃是大戰略概念的論述，認為「大戰略都是最終層次，縱向和橫向中發生的一切都匯集在這一最終層次上。」113包括了成功、失敗、與無足輕重性的可能。同時他也認為，大戰略的範圍是非常廣，他說「大戰略也超過了國際政治的

---

112 同註 48，頁 38 。
113同註 57，頁 185 。

範圍，因為它包括有能力相互濫用武力的各方在最高層次上的相互作用。」[114]這裡我們發現了國際政治與大戰略在現實上的重疊與轉入理論發展的交錯。

　　美國陸軍戰爭學院的模型，是一個有趣的戰略概念的展現，首先提出水平的概念，指出國家戰略四種不同的國力取向，指出了一個和平時期的發展狀態，是各自發展自己的戰略，國家運用何種力量，則由國家政策單位決定。其次，有關軍事戰略層級以下的結構區分，與約米尼的架構相比較，觀念並無不同，包括軍事政策(戰略)、戰略、作戰、戰術；但是進入戰時狀態，或平時國家權力運用，選擇以軍事力量為主的行動時，垂直性的軍事戰略體系與水平體系的經、心、政等權力相結合，成為一個十字座標，在國家戰略的體系操作下，彼此間的曖昧關係與重疊是無法避免。兩種模型(水平與垂直)依據和、戰的狀態，區分功能與角色界線，論述已經相當明確，若與薄富爾的模型相較，薄氏是以戰爭為主體的戰爭戰略的規劃，而它的戰略定義卻超出戰爭戰略，這也暗示了總體戰略溢出了戰爭戰略的範圍；若與魯特瓦克的主張相較，魯特瓦克大戰略的範圍、功能、與分界更廣於陸軍戰爭學院的模型，且直接的挑戰國際政治學科理論了。

---

[114]同註 57，頁 184-185。

肆、二十一世紀戰略概念的可能演化

　　藉由歷史與邏輯的觀點分析顯示，戰略概念在冷戰時期達到了高峰，它由戰術向戰略，由單一走向多元因素，由純軍事走向國家領域的拓展，戰略是以目標設定為行動基礎，具有高度的現實性，追求至失利或完成階段，代表著戰略調整與轉變到來，戰略概念所面對的未來，是「和、戰模糊時期」、或是「和平時期」、還是進入「全球性生存惡化時期」，戰略研究者從自身研究的視野，有不同判斷。 唯一確定的，「冷戰」的戰略環境已經消退了，戰略也要面對調整或轉變的事實。

一、歷史低潮、濫用與研究轉向

　　從戰略概念的歷史演化中，可以獲得一個規律：當戰爭到來（如雅典與斯巴達戰爭），或是國家防務（如羅馬）強烈需求下，戰略概念發展得到給養與拓展；中世紀則是騎士型態的衝突，微觀的、極為有限的強度，戰略發展形成空白，進入二十世紀，百年的時間，一、二次世界大戰、冷戰等戰爭衝突未歇，形成了戰略概念發展的一個高潮，戰略研究成為一個焦點。

　　從 50 年代戰略研究興起以來，針對性的批評從未

間斷，為何在冷戰後再次的被突顯出來，除了「戰略濫用」的事實外，形勢的轉變使得戰略空間與戰略研究的議題受到拘束，這是一個現實的理由－－以經濟發展替代了軍事戰略衝突的主題轉變。戰略具有實用性，沒有了對象或是對象的模糊，戰略目標難以建立。這也是實用主義下，依附戰爭狀態的傳統戰略概念的缺陷。

其次，美國實施干預主義模糊了國家利益，濫用了戰略判斷與行動。自由主義者認為，美國對科索沃行動與國家利益並無直接關聯性，卡本特（Ted Galen Carpenter）直接指出國防部在「尋找敵人」[115]，更被激烈者批評為拉岡（Lacques Lacan）的「鏡像理論（stade du miroir）」[116]不合邏輯的推理，而過度自我想像成了幻想。

美國戰略困境來自於老布希、柯林頓的國際戰略，冷戰後的戰略行動，不但不採取收縮政策，反而更激進的以全球化的抽象概念，－國際社會為統稱（除去國家間關係）－並配合聯合國秘書長安南〈Kofi A.Annan〉

---

[115]愛德華 歐森〈Edward A Olsen〉著，楊紫函譯，《21 世紀的美國國防-大退場戰略》〈US National Defense for the Twenty-first Century:The Grand Exit Strategy〉（台北： 國防部印行，民國 96 年），頁 38 。

[116] 同註 41，頁 187。（拉岡為精神分析學家，亦後現代理論思想家。）

的人道干預主義,進行積極戰略的推進,例如北約東擴、科索沃的戰爭手段的干預,形成手段與目標的失衡,成為戰略的濫用,尤其是 1999 年的科索沃戰爭,對於美國的孤立主義者來說,是一個不當的國家利益的詮釋,這也是美國冷戰後仍沿用舊戰略,所產生的目標混淆現象,這也就呈現了魯特瓦克所言的「成功頂點的衰敗」。

　　美國戰略概念自身的危機,來自於兩個問題,一是戰略家對戰略力量與戰略規劃的貪進,不應等到矛盾邏輯發生,才進行戰略轉變,換言之,需能掌握調節與彈性,並去除有意的私心或是主觀的樂觀性。第二是戰略研究轉為和平時期的戰略調整,必須有不同的戰略論述與發展方向。

　　再次,我們要關心的,是全球化帶來國家主權削弱的假設。人類安全的行動單元是誰,是以美國為主體,或是以超國家為主體的行動單元?如果戰略是事後處理的工具,又將由誰來統合?從歐森、哈特、巴尼特等人的論述,非美國不二國選。美國目前進行雙軌戰略的調整,國際性軍事戰略目前處於戰略退卻或轉型階段,而國土安全戰略成為國家政策調整的側重;當美國穩定了國家情勢,國際首強地位依然存在,這是否間接了給了一個答案,那些學者仍以美國為行動單元的主體設計,但是否真能如設計般地實現?還必須了解它的發展道路。

綜合觀察，戰略概念所要面對的困局有四：(一)全球化所引起的行動單元的跼限；(二)戰略概念建立在戰爭衝突根源上的跼限、(三)安全性質從戰爭的衝突轉變為多元安全的擴散。(含人類安全)。(四)、戰略自身發展的適應性。然而，必須指出的，這些困境是以美國為例證檢討說明的。如果透過布思(Ken Booth)的相對文化主義觀點，更可以理解不同的戰略概念發展，以下試就美國面對困境的發展模式，及中國大陸對戰略概念認知的模式，進行比較說明。

二、兩種戰略概念模式的發展道路

(一)美國模式下戰略概念發展的分岔

正如前述分析，美國論述國家戰略思考可分離出以下兩種類型：

1、軍事單位戰略研究的退卻與轉化問題

這部分包括了軍方與軍方所屬的智庫單位，葛雷(A.M.Gray)將戰略定義為「戰略是贏得戰爭的藝術，……是戰爭行動最高指導原則(戰爭指導)。」[117] 柯

---

[117]葛雷(A.M.Gray)著，彭國財譯，《戰爭》《Warfighting/the United States Marine Corps》(台北：智庫文出版社，1995年)，頁48。

林.格雷（Colin Gray）認為是「運用武力與武力威脅已達成政策目標。」[118]這樣的界說，也反映在他的《當代世界戰略》新修訂版內容中。美國的陸軍戰爭學院的模型，也很清楚地顯示出來，美國軍方的戰略意義，即在國家戰略層級下的軍事戰略，並以戰爭戰略為範疇的研究；但是筆者認為，軍方的戰略研究的退卻並非真的退卻，而是面對一種新形勢的喘息與轉變；退卻的原因，是因為發現「利維坦（美軍）能控制前半段的戰爭，但經常由於設計不足和先天特質不符的原因而不適應於後半段的和平，包括衝突後穩定和重建行動。」[119]海軍戰爭學院的高級研究員巴尼特認為，「一個國家的大戰略應給軍隊所做的每一件事情賦于意義，...助其平衡各種互相競爭的要求。......這也是軍隊喜歡大戰略的原因。...」[120]又說，「我對美國大戰略的定義之所以能吸引軍方的

[118]蓋瑞哈特〈Gary Hart〉著黃文啟譯，《第四種國力—美國 21 世紀的大戰略》〈The Fourth Power-A Grand Strategy for the United States in the Twenty-First Century〉（台北：國防部史政編譯局,民國 97 年）,頁 31。 原文出自 Colin Gray,
 ˇ.Modem Strategy˝（New York:Oxford University Press）.1999.p17
[119]托馬斯.巴尼特（Thomas P.M.Barnett ）著，孫學峰、徐進譯，《大視野大戰略—縮小斷層帶的新思維》〈Blueprint for Action：A Future Worth Creating〉（北京：世界出版社出版 2009 年）,頁 8 。
[120] 同註 119 ,頁 64-65 。

指揮官們，原因就在於我描述的世界同他們的觀察完全一致。」[121]這即反映出大戰略與軍事戰略中難分的臍帶關係，對軍事行動而言，大戰略不僅適用於戰爭，如科普蘭（Dale C.Copeland）所說的大戰略定義：「國家以最高的強度作戰，即全面動員。」[122]也可以為軍方行動提供願景與行動意義的指向。

美國軍方從大戰略退回戰爭戰略的範疇，對文人而言，是否又是如此呢？而未來以美國領導的全球化行動，對於斷層帶國家的治理工作，將更需要大戰略的視野，也將更支持大戰略研究的需求性，美國軍方戰略概念的退卻性，是屬於戰略調整，還是戰略收縮，目前定論尚早。但是，唯一理解收縮的原由，便是戰爭型態改變後所處的現實狀態，這也是戰略概念的歷史課題。

2、文人對戰略研究的堅持或轉向

對戰略研究的批評並非始與今日，約翰賈奈特（John Garnett）引自格雷對戰略研究兩派的說法，「一是友善的批評如赫雷德.布爾，方法上的偽科學，另一類為非友善的批評，如艾納多.拉波博......，不具信服力......戰略研究應於廢止，而不是加以改善。」[123]貝茨

---

121 同註 119，頁 71 。
122戴爾.科普蘭（Dale C. Copeland）著，黃福武譯，《大戰的起源》〈The Orogins of Major War〉（北京： 北京大學出版社， 2008 年），頁 38 。
123約翰貝里斯（John Baylis）等著，彭恆忠譯，《當代戰略上》

的批評除去情緒語言，其真正的關鍵，除了無法介入軍事專業領域的研究外，更有意地在戰略概念自身轉變或消退空隙的取代，而他所引用派翠克傑美士（Patrick James）的「公民－軍隊典範」，基本上與常備軍的性質並不相同，類比「戰略」研究並不適切。在此，我們必須將戰略概念區分兩部分，一部分為戰爭戰略，另一則為大戰略，軍方的研究著重於戰爭戰略的範疇，這仍保持著李德哈達的定義，「大戰略的任務是協調和指導國家的全部力量以便達到戰爭政治目的，及國家所確定的目標。」[124]

　　文人則傾向於走出戰爭戰略的範疇，羅斯克蘭斯（Richard Rosecrance）即認為大戰略是：「調整國內和國際資源以實現國家的安全。……二次大戰後，政治家或決策者受到蘇聯威脅的困擾，……它們對大戰略的理解只是狹隘的集中於對手保持軍事平衡。」[125]

　　戰爭戰略與大戰略關係密切，不易切割，但在一個以經濟發展為核心，及反恐怖主義形態下的戰爭樣式，相較於依附在兩極對抗下的核嚇阻軍事對抗，安全是零碎的、目標也不容易明確，對於注重實踐行動的大戰略

（台北：,國防部史政編譯局譯印,民國八十年），頁 27-28 。
[124] 同註 54，頁 383 。
[125]理查德 羅斯克蘭斯（Richard Rosecrance）著,劉東國譯,《大戰略的國內基礎》〈The Domestic Base of Grand Strategy〉（北京：北京大學出版社，2005 年），頁 4 。

來說，確實發生困難。但這個困難指的是甚麼？如果冷戰是以軍事為主基調，不難發現，指的是戰爭戰略部分。而不是戰爭戰略外的大戰略思想。

　　再就安全研究的概念而論，依據黃虹姚對安全研究的介紹，[126]可區分為三階段，首先貝瑞布靭（Barry Buzan）的說明，將戰略研究置放於國際安全研究下的次領域，指的是軍事戰略部分，它的書名為《對戰略研究的介紹》，副標題為軍事技術與國際關係，布靭的說法，也只能說是部分軍事戰略的運用，尤其是軍事技術部分，這與季辛吉 2001 年出版的《美國所需要的外交政策》結構概念是相同的；[127]其次，安全研究吸收了國際政治的一些課題，尤其是「人」的研究，這部分是傾向於後現代的討論課題內容，對安全研究所產生的結果，乃是非傳統安全的建構，如環境、人權、及跨國界人群流動等問題，這確實不是傳統軍事戰略的目標，但是在柯林頓的干預主義中，人權迫害是一項戰略執行的理由；第三階段則是加入了國際政治建構主義的觀點，但是建構主義只告訴我們結果，無政府狀態是被建構出

---

[126]翁明賢主編，《新戰略論》，黃虹堯著，〈國際關係中的戰略與安全研究〉（台北：　五南出版社，　2007 年），頁 55-107 。
[127]季辛吉（Henry Kissinger）著，胡利平等譯，《美國的全球戰略》〈Does America a Foreign policy〉（北京：　海南出版社，2009 年），目錄部分。

來的，考慮建構主義的基本方式，乃是交往、觀念分享、認同、建立遊戲規則的模式，與自由制度主義的觀點比較接近，國際政治建構主義者倒果為因，證明建構途徑的合法性；但是他從來沒有告知我們在建構的行動中，這是不是唯一的模式，還是另有其他建構方式的可能，在生活世界中，建構、結構、解構實為一體的，不應割裂來看。

　　建構主義對於安全研究，影響最大的乃是認同安全的主張。蒙布里亞爾說的很清楚，「要解讀同一性（認同）和安全問題，在思想上必須做到去中心化。」[128]但認同的指向卻不是，這也是述布思的文化相對主義的尊重主張，更遑論多元價值對認同的解構，在理論上所呈現的矛盾現象。質言之，安全研究只不過是在實在的現象間，增添了非傳統安全的議題，其發展由軍事戰略安全轉向國際政治理論的後現代理論去結合。

　　藉由安全研究範疇的理解，可以發現安全研究者所批判的戰略研究，乃是針對著冷戰時期的戰爭戰略或軍事戰略而來，視戰略研究等同於軍事戰略的意義，對於大戰略或國家戰略部分卻鮮少論及。巴尼特認為，「一般的安全分析家想參與未來，但會躲避他必不可免的控制。」[129]指的是大戰略的塑造與行動。這裡也區別了戰

---

[128]同註 58，頁 130。
[129]同註 119，頁 40

略研究與安全研究的差異。哈特在克服戰略的障礙時更指出，「在沒有戰爭時，⋯⋯說服美國人（尤其是那些不信任自己政府的美國人）接受一套國家戰略是以有意義的方式釋放美國的能量，絕對不是為了處理這世界上一樁樁毫無意義的事，或只是暫時解決問題權宜之計。」[130] 這指出了大戰略在和平時期的戰略轉軌問題。這是美國戰略概念發展上，必須面對與努力的地方。巴尼特 2009 年出版的《大視野大戰略》，即為研究和平時期美國大戰略轉變的努力成果。

〈二〉、中國大陸的戰略概念發展模式

1、戰略研究的興起

中國大陸對於「戰略」議題的研究發展，可以概分為三階段的區分，第一個階段是毛澤東時期，戰略是決策者的權力，是屬於密室政治的一部分；第二階段是 1979 年以後，國家發展戰略由戰爭與革命的階段，轉變為和平與發展的戰略調整，戰略研究向他者開放，不但成立了中國際戰略學會，而政府各層級單位成立「戰略辦」，並以《國際戰略學》課程進入大學授課，戰略成為國家發展的理論基石，尤其是經濟發展戰略，並逐漸的朝向大戰略研究取向括寬；第三階段在 2004 年前後，大戰略研究在文學校研究成為焦點，北京大學國際政治

---

[130]同註 118，頁 45 。

研究所也成立了戰略研究中心。[131]

在中國的戰略概念結構中，縱向的發展體系為軍事戰略，戰爭戰略、大戰略、〈總體戰略、國家戰略〉、國際戰略等層次的區分，在國家戰略的高點上，並將戰略的語意，套入國家政治的組織體系，亦如薄富爾的分項戰略般，在總體的發展戰略下，區分各子系統的發展戰略體系，成為橫向體系的發展。如下圖。

---

[131]同註 50，頁 1-6。

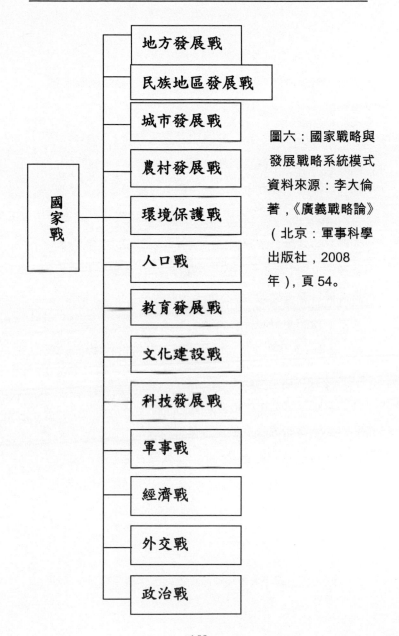

地方發展戰

民族地區發展戰

城市發展戰

農村發展戰

環境保護戰

人口戰

教育發展戰

文化建設戰

科技發展戰

軍事戰

經濟戰

外交戰

政治戰

國家戰

圖六：國家戰略與
發展戰略系統模式
資料來源：李大倫
著,《廣義戰略論》
（北京：軍事科學
出版社,2008
年）,頁54。

2、戰略概念的意義

〈1〉 國際戰略:「是主權國家較長期內參與國際合作
與競爭總體方略。...這一概念廣泛用於一切國家關於對
外政策的總謀劃。」[132]國際戰略學的內涵,是承襲領導
者的觀念與政策實踐累積,所建構的體系,傾向於對外
事務的論述,具有中國本土決策思想醞釀而成的學說。

〈2〉國家大戰略〈總體戰略、國家總體戰略、國家大
戰略〉的理論,主要來自於國外學說的引介。有關國家
大戰略解釋,筆者採時殷弘的說法為:「國家大戰略是國
家政府本著全局觀念,為實現國家的根本目標,而開發、
動員、協調使用和指導國家所有政治、軍事、經濟、技
術、外交、思想、文化和精神等類資源的根本操作方式。
它是基於經過深思熟慮的手段和大目標之間關係的全面
行動規劃,既需全局性的精心合理的預謀和確定,又需
要以靈活為關鍵的不斷重新審視和調整。」[133]這個定義
整合了柯林斯(John Collins)、保羅肯尼迪(Paul
Kennedy)劉易斯(John Lewis)等人的觀點詮釋而成。

---

[132]同註 131,頁 4 。
[133]時殷弘著,《國家大戰略理論綱領》《國際觀察期刊》(北京:
2007 年 5 月),頁 15。

¹³⁴其次，將大戰略稱之為「國家總體戰略、國家大戰
略」，是想融合傳統治國理念，將西方戰爭與和平的戰略
義涵與國家治理的概念進行整合，此舉拓寬了西方大戰
略的範疇，以至於與國外相似學門的研究學者進行交流
時，產生戰略指涉性差異現象。

〈3〉戰爭戰略與軍事戰略
　　這一部分是直接承襲毛澤東的觀點:「戰略是指導戰
爭全局的方略，它是戰爭指導者運用戰爭的力量和手段
達成戰爭目的的一種藝術。」¹³⁵由於西方大戰略思想的
意涵有兩部分，戰爭戰略與國家戰略，為此兩者經常被
一併提論。戰爭戰略是否即為大戰略，若從古典的學說
上來看，大戰略與戰爭戰略是相似的;冷戰以後，大戰
略則又具有政策的政治意義，確實是不易辨別。中國的
「戰略語言」比美國的戰略語言更加不確定，從軍方的
觀點來說，同樣受到戰略概念泛化之苦，中共的軍事學
者姚有志發表了正名的文章指出,「戰略是籌劃和指導戰
爭全局的方略，這一定義與戰略研究涉及的範圍是兩碼

---

¹³⁴李柟著《大戰略理論探究》(北京：世界知識出版社，2010
年)，28 頁。
¹³⁵軍事科學院編著，《戰略學》(北京：軍事科學院，1987 年)，
頁 1。

事。一方面不能認為,沒有把戰略定義成軍事鬥爭全局,
就把非戰爭方式軍事鬥爭,排斥到戰略和戰略研究的視
野之外,另一方面,豐富的軍事實踐活動不能改變戰爭
的定義,戰爭與和平形勢的發展變化,並沒有突破軍事
戰略的內涵與外延。 在戰略研究和籌劃中,非戰爭方式
軍事鬥爭,不能與戰爭平起平坐,更不能喧賓奪主。」[136]
這也道出軍方所強調的戰爭戰略是無法被取代的研究議
題。

3、戰略概念在中國的適應
　　戰略研究在中國大陸突然竄起,其根本原因有四,
(1)大戰略一直到 20 世紀 70 年代傳到中國,中國學
者從一開始就把大戰略與治國之道聯繫起來。」[137]認為
大戰略有中國傳統治國之道中,有用的部分將其納入,
很容易的被中國學者所接受;(2)中共建政以來,毛澤
東、周恩來等人面對著革命與戰爭年代的判斷,在政策
指導上,所用的語言沿用戰爭過程的戰略指導語言,更
提出世界戰略的話語,這一部分的指導功能展現在國際
戰略學的體系當中;(3)中共提出和平崛起或是和諧世

---

[136]姚有志著,〈戰略的泛化、守恆與發展〉《國防理念與戰爭戰
　　略》(北京:解放軍出版社,2007 年),頁 273。
[137]李大倫著,《廣義大戰略》(北京:軍事科學出版社, 2008
　　年),頁 70。

界的語言，需要與外國對話，大戰略研究具有解釋說明的功能，「通過大戰略的研究，對中國崛起進程中，已經或可能面臨的各種問題進行全面評估，並為消除國際社會的疑慮，真正實現和平的崛起和維持發展，提供理論諮詢。」[138]；（4）是體制上的適應。由於戰略的思考具有整體性的特徵，強調目標手段配合的貼近性，具有強烈的指導作用，這與中共的主民集中制的政體－事前言說討論，決策後齊一 模式相當適應，這也是中共官方接受的原因。哈特曾說，「戰略……在沒有戰爭時，美國人非常排斥這種集權式計劃作為，因為他們認為這不僅是社會主義的產物，更會侵犯併壓抑主動與進取的精神。」[139]這是從美國的戰略文化上來說明，但在中國大陸，其國家發展速度與創新能力，似乎未受影響，未來大陸政局是否安定，則可據其戰略平衡操作的有效性進行判斷。

　　上述，我們列舉美、中兩個典範，從軍事或是戰爭戰略的觀點，雙方的軍事理論飽受戰略概念泛化之苦，但兩軍都不約而同的掌握「戰爭戰略」的範疇，不論是和、或戰的背景時期，指導自己部隊向著實體戰爭的模擬正常發展；而美國的大戰略研究（含戰爭戰略）與國

---

[138]蔡拓著，〈中國大戰略當議〉《國際觀察雜誌》（北京：2006年2期），頁1-2。
[139]同註118，頁45 。

際安全研究、和平研究、形成競爭或是相反途徑交織，在這部分中國大陸並未受影響，反而中國大陸，更將大戰略輔以國家大戰略或是國家總體戰略的概念，與西方大戰略做出區隔，但與自身的國際戰略學說形成競爭狀態，國際戰略屬於國家指導並以國際環境為對象，偏向外交戰略層次，國家大戰略則包括了國內與國際兩部分進行統合；最後，中共在和平時期的作法，能與美國有所區別，即運用發展戰略與和諧戰略來指導國家對內、對外的綜合式發展，而美國則進入國家政策、外交政策或是國家安全政策，形成分項式，體制式的功能表現，彼此產生了不同的發展運用與限制的樣態。

三、 面對 21 世紀喚醒戰略概念的潛蘊藏

經過東西方戰略概念發展模式比較，得知不同的戰略文化與制度，產生不同的戰略概念理解與運用效能的發揮，表示戰略概念具有主觀限制與擴張的可能，據此，將本文前述四個困局議題，轉化為下列思考形式，並在戰略概念可能的適應與發展做出描述說明。

其一、戰略概念的跼限，在於超越戰爭戰略，向大戰略
　　　的和平理論方向發展，是否有被期待突破的可能，
　　　是否有和平時期〈不是和平概念〉戰略的可能？

其二、 戰略概念自身發展的困難，在於矛盾—衝突理論
　　　模型的限制，如何能將矛盾性的存在，能在單一「矛

盾-衝突」的唯一性，理出矛盾與它種型態並存的可能。

其三、 多元安全擴散，代表著安全問題與解決問題的手段多樣化，除了不能排除戰爭戰略外，戰略概念中的資源「分配」與「運用」，意味著針對不同對象，調度激活資源，並選擇適當手段的可能。

其四、 全球化帶來國家權力的流散，並非只在「美國領導與全球各主權國家并行」的單一行動模式，行動單元的詮釋，是否有新的論述，以適應多元行動體存在的可能。

（一）古典戰略-現代戰略中和平時期的戰略概念

在前述歷史描述與結構邏輯推理的脈絡中，具有現代戰爭概念又具有和平意識論理者，為「克勞塞維茨、富勒、李達哈達、薄富爾」等四位的和平論述。

1、克勞塞維茨的和平論述

克氏的戰爭理論是展現了大戰略的結構，他認為「作為一種總體現象，其主要趨勢又經常使戰爭成為一種顯著的三位一體。」[140]所謂三位一體指的是人民、軍隊與政府的結構體系。克氏對於和平的看法，是基於戰爭角度去思考。克氏認為真實世界中，戰爭「只能用現

---

[140] 同註 59，頁 131 。

實世界的現象和機率法則為基礎。」[141]在機率的計算下可導致和平，媾和的和平。除了這種的和平概念外，他在和平論述上有以下五個論點：（1）讓對方對最後結果產生畏懼，則它也可以視為一種達到和平的捷徑；（2）或用直接政治反應的行動（政治戰略）；（3）也可利用敵方軍事和政治戰略中的任何弱點，并最後達到和平的解決；（4）決定性行動必須延伸到最後目標〈不證自明性的〉那就是應帶來和平的。（5）戰略的原始手段（工具）就是勝利，……其目的，就最後而言，即為那些直接達到和平的目的。[142]克氏的戰爭理論始終掌握著政治性，「戰爭不僅是一種政策的行動而且還是一種真正的政策工具一種政治活動使用其它手段〈工具〉的延續。」[143]他所論述的和平，乃是從戰爭走向和平的幾個方式，其特點是理性選擇，也就是選擇如何有效的達到和平方式，不一定要選擇「消滅敵人的」戰鬥模式，戰爭的最後目標則是和平的追求。克氏戰略概念中的「和平」，指的是軍事行動的中止，「戰鬥」的極端暴力戰爭型態，不一定要發生，而和平才是戰爭所要追求的目標，這也是所謂的政治性因素的考量。

2、富勒與李德哈達的和平論述

---

141 同註 59，頁 118 。
142同註 59，頁 135-137,148,208,233 。
143同註 59，頁 129 。

富勒對於戰爭目標具有評斷標準，認為「戰爭的真正目標是和平而非勝利，所以和平應為政策中的基本觀念，而勝利僅是達到這種目標的手段。」[144]並主張「大戰略的真正目標應該是一種有利於和平，而並不要求將對方完全殲滅。」[145]富勒的戰爭指導觀點，確實是在和平價值的信念，主張戰爭暴力的制約，為和平創造條件。富勒的大戰略，是將戰爭直透戰後有利和平格局建立的觀點上，討論戰爭與大戰略，讓大戰略進入和平視野的領域，也說明了，大戰略帶有強烈的政治性。富勒在戰史論述中，聚焦於戰爭指導層次的整理，提煉出大戰略的和平觀點，但他沒有進一步討論內容。

　　李德哈達在大戰略的理論上有更進一步發展。他在討論戰爭與政策關係時指出：「假使政府已經決定採取一個有限目的，或是費賓式的大戰略……。」[146]表示大戰略是由政策決定，是最高政府部門指導的政策目標。他說大戰略使我們想到「政策在執行中」的意味，「大戰略……就是協調和指導一個國家〈或一群國家〉的一切力量，使其達到戰爭的政治目的。」

[144]富勒（Fuller）著，鈕先鍾譯，《戰爭指導》（台北：麥田出版社，2003 年），頁 97。
[145]同註 144，頁 364。
[146]同註 54，頁 382 。

[147]當政府決定使用軍事工具，選擇戰爭手段時，大戰略便帶有戰爭戰略的範疇，大戰略所指的便是戰爭戰略的體系論述，但是大戰略與具有二元性 -矛盾-衝突模式 - 的戰場指導的戰略不同，「戰爭的目的就是想要獲得一個比較好的和平狀態。」[148]所以「大戰略原理，卻有許多地方，是和戰略方面的某些原理，恰好相反。」[149]李氏對大戰略重要論述，歸納以下六點：[150]

（1）大戰略追求和平，戰略追求勝利；

（2）大戰略採取保守政策〈力量經濟與赫阻力構成〉，戰略追求進取政策；

（3）大戰略採有限戰爭，戰略追求消滅敵人；

（4）要想和平......最好的保證即為由權力平衡所構成的相互制衡關係；

（5）滿意的和平解決，由談判得來，而非決定性軍事勝利的結果；

（6）實力是侵略者的嚇阻力量。

李德哈達的大戰略，便是要建構一個更好的和平環境，在和平時期，國家的大戰略的具體概念為追求

---

[147]同註 54，頁 382 。
[148]同註 54，頁 423 。
[149]同註 54，頁 423 。
[150]同註 54，頁 423-431 。

和平、實力〈力量經濟型〉、保守防務政策、談判手段、權力平衡、嚇阻戰爭、有限戰爭。這是大戰略相對於戰爭戰略的和平戰略的內涵。霍爾斯蒂（Kalevi J, Holsti）從戰爭研究所獲得的概念，「從主要的和平協議來看，......三大共同策略是,（1）處罰和優勢威懾;（2）均勢;（3）國際體系轉型。」[151]具有相似的主張，也更具操作性質的理論價值。

3、薄富爾總體戰略的和平論述

總體戰略是薄氏討論「戰略」的起點，總體戰略可以從幾個角度理解，一是總體戰略與政策不可分，政策是目標的擬定與資源的分配,而力量的運用則是戰略；二是戰爭藝術的知識會產生一種和平的藝術，如嚇阻戰略；三是戰略區分兩種，以物質力量為主的直接戰略，與以心理和計畫為主的間接戰略。四是戰略思想程序的貫穿。[152]

薄富爾的總體戰略，具有積極性的大戰略意識，除了「對立意志的衝突存在」現象的假設外，並將戰略思維方法與程序，貫穿於政治領域，期望創造出均勢性質的和平藝術。薄富爾的理想，將戰略與人類的命運作出聯繫，認為「替戰略決定目標的是政策，而

---

[151] 霍爾斯蒂（Kalevi J, Holsti）著，王浦劬譯，《和平與戰爭》（北京：北京大學出版社，2005 年），頁 303 。

[152] 同註 48，頁 67,170,171,172 。

政策受到一種基本哲學思想的支配，⋯⋯所以人類的
命運是決定於哲學思想和戰略的選擇，而戰略的最終
目的也是要嘗試設法使那種哲學思想能夠發揚光
大。」[153]

　　薄富爾對「戰略」所賦與的意義，早已經超越戰
爭戰略、大戰略、和平戰略，雖然他仍基於國家行為
體，但是更強調行動戰略的重要，以進入追求人類長
治久安的境界。

　　概括的說，克勞塞維茨是立基於戰爭狀態，思考多
樣方式達到和平狀態，所採取的戰爭類型的討論，不執
著於殲滅性的類型，其政治戰略的主張，已經具有間接
戰略的模式；富勒雖言大戰略，卻無論述，李德哈達則
是發展了理論闡釋，走入了和平時期的戰略領域，明確
地主張大戰略具有和平時期適應的能力，並提出具體了
作為；薄富爾更是將政策與戰略做出整合，強調戰略是
要實現一種人類命運的哲學思想。這些論述的價值，為
和平時期戰略概念，導引出積極性理論發展可能的作用。

（二）戰略概念潛蘊藏的顯現

　　　　從古典到現代戰略中的和平戰略思想，在冷戰
　　　時期，並沒有得到發揮，冷戰後，戰爭戰略概念的
　　　運用產生困境，戰略概念進行轉變，而巴尼特的戰

---

[153]同註 48，頁 67-68 。

略概念是因應「和、戰模糊」的全球現狀，設定協
（援）助全球化失聯（落後）國家與失敗（能）國
家的干預；中國大陸則直接進入「和平與發展」戰
略環境的設定，採取了發展戰略與和諧戰略，東西
戰略實踐交會的結果，產生了協（援）助、干預、
發展、和諧的新概念，跳出了美國傳統大戰略思維
的宰制，同時也解決受限於戰爭戰略的戰略困境，
對於戰略概念有了實務的新發展。

1、舊主張新概念的「干預」說明

　　在人的生活世界，戰爭與和平是對時代詮釋的
一種型態，西方國家對於這兩個概念是從抽象思維
上，階段分割的觀念進行理解，而在東方則是貼近
時間的持續性，戰爭與和平是具有聯繫，[154]彼此是
一種內生關係，從現象學本質直觀的「顯隱說」，便
能得到很好的說明，當和平現象顯現時，戰爭的現
象處於隱伏的狀態，所謂有備無患，指的是隱伏狀
態顯現的可能性，這與消失的性質不同。當戰爭消
退，而和平力量得到增長。當戰爭轉入和平的過渡
時期，也就是處在和戰模糊的狀態，為能穩健和平
趨勢的發展，干預戰略概念，變成一種支撐，也是
抑制不穩定因素的力量；但是，干預的實施，必須
慎重，避免抑制力量轉為泛濫式打擊力量，偏離戰

---

[154]同註 144，頁 373 。

略目的。

2、戰略概念新主張的理解

(1)基本元素組合結構的轉換

　　協助戰略、發展戰略、和諧戰略為何是一種新的概念，最主要的是脫離了戰爭戰略「矛盾－衝突」的基本元素結構，步上了「矛盾－競爭」、「矛盾－合作」新的基本元素組合結構的轉變。為何不直接運用衝突與合作的對立性思維，強調由衝突轉變為合作的描述，主要是生活世界的實在現象，不是靜止狀態，也不是一個可被語言割裂的世界，衝突與合作只不過是方法型態上的不同，絕非對立的本質性。克勞塞維茨指出「戰爭不過是政治用其他手段的延續」[155]代表著處理現實世界的問題（矛盾衝突），戰爭非唯一的方式。孫子亦表示「必以全爭於天下，故兵不頓而利可全，此謀攻之法也。」[156]如果將此句話直接從軍事層面去理解，成為軍事嚇阻理論訴求，則未能盡得其蘊。「全」是指雙方不必消耗過多力量的情況下，即能達到衝突的解決，亦即解決衝突的方法有許多，最佳的方式是彼此不消耗力量的方式下處理，戰爭乃是不得已的作法。東方謀略思想是不能直接用西方戰爭藝術的「戰術與謀略」[157]簡單對立性來移轉

---

[155]同註 59，頁 129 。
[156]同註 108，頁 267 。
[157]在西方戰略概念的歷史發展過程，發現在軍事理論上，有羅

解釋。

(2)新戰略概念的模型假設

　　孫子與克氏的戰爭哲學的隱喻詮釋，只是表示新戰略概念轉變的正當性，如果，我們以此為基礎，進行觀念性與經驗性綜合操作，直接面對實在去建構，也是一種方式；但這樣的方式，只不過從衝突轉到合作去論理，如果我們對衝突理論不滿意，那對運用同樣的思維方式，討論合作理論我們恐也陷入背反律中。

　　協助、發展、和諧戰略以及傳統的衝突，作為一個假設，如何能找到解釋的論述呢？筆者曾提在《建構一般戰略理論之可能趨向分析》一文的討論中，運用孫中山、徐培根、季辛吉的思想或觀點，找出「戰略思想」的三個面向，「人與環境的互動、力量的累積與分配、人類的生存與發展。」[158]這樣的提法，雖然是一種給予式的論述，但是孫中山思想中的社會進化論觀點，提示我們進一步研究的可能。

　　藉由亞里斯多德的溯源法〈epagoge〉，[159]回到事件之初去理解本源，「戰略概念」在人的生活世界中，是如

馬之戰術與謀略式的戰爭形式，謀略是指不與敵軍作直接的對抗或會戰，是屬於間接戰略的論述。
[158]施正權著，〈建構一般戰略理論知可能趨向分析〉，《世界新聞傳播學院學報》(台北：民國 91 年)，頁 40 。
[159]沈清松著，《物理學之後-行上學的發展》(台北：牛頓出版社，民國 76 年)，頁 102 。

何被詮釋理解，這裡我們必須面對哲學、自然科學、古代社會及史前歷史，與生成認知理論等知識，運用前主客二分、前社會、自然環境下生活世界的理解，找出「前戰略概念」的線索與可能的形態，對戰略概念進行整體的理解。並以複雜理論作為基石，進行回溯研究，走上生成論的途徑。

現在筆者僅簡單提出生成式戰略概念的勾劃。當前的人類與我們的祖先，有一共同的基本型態，有機的事實，能活著的同時便是發展著，生存與發展是一體兩面；不存在，發展的可能性便消失；存在而不發展，則有被淘汰的危機，所以，依據這個事實，筆者給予「發展」一個簡單意義，便是「更好的生存著」。生存也好、更好的生存也罷，基本上，都必須有行動支撐，行動便在追求「生存與更好的生存」，但主觀的追求，往往面對變動的不確定，矛盾性大於統合性，經常要去適應與轉換，因此除了生存、發展、行動外，便有第四種的基本型態出現，調整行動，或簡稱轉化或機轉，也就是針對當前的事件特質，提出最佳的調整對應方式。以上的簡述可以可以轉化為一個模型圖如下。

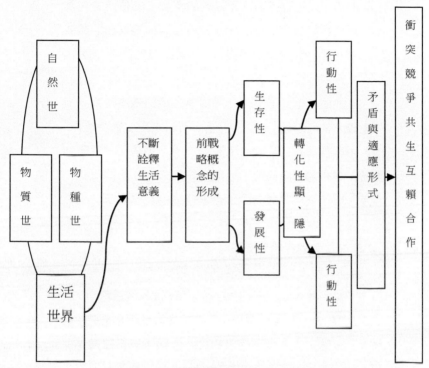

圖七:前戰略概念理論述的生成
圖示。筆者自行研製。

　　當人類進入有意識行動後,逐漸積累經驗與智慧開
展,生存性戰略、發展性戰略、機轉性戰略、行動性戰
略,由簡單步入複雜,由於戰略的前瞻性設計與動態的

生活世界，以及各行動單元行動的交織，易形成主客關係，矛盾性摩擦自然形成，針對事件的事實判斷（顯隱變化），行動單元適應的相對方式產生，或為衝突，競爭、共生、互賴、合作等方式進行。

　　上述的模型只能整理出「戰略生成的基本形式」與「多樣交往的樣態」，能說明矛盾不一定產生衝突的原由。模型仍需經過理論的論證與說明，則是另一個研究課題。戰略前概念研究，或能開展鈕先鍾所談的歷史、科學、藝術及哲學面向中，哲學研究的空白部份。

(三)戰略概念的行動單元與思考方法
　　1、人類面臨的困境與何謂行動者
　　「由世界上 22 個國家的科學院和 95 個國家的 1300 名著名的科學家完成《千年生態系統評估報告》總結到，地球正處在災難的邊緣上，人類不能再想當然的認為他們的子孫還能在被破壞的環境裡繼續生存下去了。」[160]這樣的警告，仍然無法讓延續著《京都議定書》的哥本哈根氣候變遷會議產生共識。會議之後，反而是非政府機構的組織團體，積極地參與解決地球災難各種問題的活動。鈕先鍾在 1988 年便提出人類面對的六大

---

[160]Jhon Milligan- whyte and Day Min 合著,《中美關係新戰略》（北京： 中信出版社出版，2008 年），頁 298 。

問題，「人口、資源、環境、技術、權力、思想。」[161]到目前為止，仍不見好轉，更可見其困境之所在。

這些議題的重要性為人所知，但是為何有危機認同的意識，卻沒有行動執行的認同呢？就國家權力觀點而論，認為國家權力在全球化下，逐漸的消退，真的是如是嗎？民主政體對政府的根本設計，便是小政府、無能的政府，讓民間力量發散出來；問題是當這些危機是人類自己製造出來的困阨時，民主政府是無能為力的，因為意識形態將它拘絆在框架裡了。法國的複雜性範式學者埃德加.莫蘭 EdgarMorin 即明白指出，「人們對我們說政治（科學）應該是起到簡化作用的和好壞分明的，當然，在它利用盲目的衝動的操縱性的觀念中是這樣的。」[162]

更諷刺的是 2008 年美國所引發的全球性金融風暴，卻指望一向為西方不喜歡的社會主義國家來扭轉，中國大陸卻也做出經濟政策，啟動內需，協助抑制風暴。制度不同，效果便有差異，中國大陸沒有令西方所喜歡的體制，卻有高度的戰略行動力（效能），而且運用了美國自由主義所反對的非自由市場機制的調控方式進行。

---

[161]鈕先鍾著，《國際安全與全球戰略》（台北：軍事譯粹社印行，1988 年），頁 181 。

[162](法）埃德加.莫蘭 EdgarMorin 著，陳一壯譯，《複雜性思想導論》（北京：華東師範大學出版社，2008 年），頁 7 。

行動戰略，是戰略鏈的重要一環，沒有行動，便沒有戰略可言。

　　從鈕先鍾的「三位一體」觀點而言，行動戰略是一個核心，不論未來權力流動到任何一個組織體，戰略行動的效能，是行動組織體的主要認知要素，法國學者蒙布里亞爾的行動戰略學（實踐學）便是強調決定方向與激活資源的能力，視為組織特點。他說，「行動單元是……擁有一種文化和組織的人群，無預設規模其成員構成首要資源。行動單元自身則通過組織開展行動。……組織必須動員行動單元的部份資源，……〈擁有〉確定方向與激活資源的權力。……確定方向便是一個行動單元的目標和戰略。」[163]只要符合前述要點，便能稱之為行動單元，所以行動單元不僅是指國家，也不是指特定的某個組織，它可以多元化，只要他有自主的決策力、決定方向、動用資源、激活執行力量便是。如此的界定，未來不需要考慮國家權力衰退與否，或是非政府機構的行動力量的增長問題。

2、擴展戰略的思想程序與思考方法

　　早在梅齊樂將「戰略、戰術」分離，及勞易德將「可學而致與不可學而致」的軍事技能區分後，便產生了「機械與天才」或是天才的火花，作為戰略論述的表達，指揮官的直覺藝術與領悟的心靈作用，構成了關鍵要素。

---

[163]同註 58，頁 1,25-27 。

但是思考的方法是如何？

　　戰略思考的方法，經過鈕先鍾的整理，匯集了七個原則：「總體化（全局性）、朝大處想（關鍵或重心）、重視未來（預測與判斷）、連續化（活動的）、合理化（深思熟慮）、抽象化（簡約與推演）、現實化（事實為基礎）等七項為思考原則。」[164]原則是靜態的，易形成僵化的教條，因此，掌握七個原則後，必須能結合辯證思維與實際相結合，熟悉這套心智法則，並作為自己往後直覺、領悟、判斷的基礎。

　　戰略思考方式，在不同的制度會遭遇不同的困難，哈特認為「戰略一詞在此乃是一個目標與方向的整體架構，用於解讀各種隨機和非隨機性的狀況，賦于其意義。」[165]然而美國人排斥這般戰略的「集權式計劃作為」，但在中國大陸卻得到青睞，並與傳統的治國理念結合，表示戰略概念中，具有自己獨特的思考方法。戰略思考方法的第一個特徵便是整〈總〉體性，鈕先鍾認為「戰略是一種綜合性的思考程序，以最後的目標和最高路線為起點。此即所謂的總體取向。」[166]整體性的研究，若在行為科學研究方法顛峰的年代，基本上它是不科學，也

---

[164]鈕先鍾著，〈戰略思想方法的基本原則二〉，《大戰略漫談》（台北，華欣出版社），頁 195 。

[165]同註 118，頁 45 。

[166]鈕先鍾著，《戰略研究入門》（台北： 麥田出版社， 1998年），頁 099 。

是偽科學的思考方式，原因在於無法做出預測與還原。戰略思考的整體性，是首要的切入點，處在量子力學、複雜理論發展後的今天，整體性思考的方式，將會得到合理的地位。

　　論述戰略思考方法最深入的，莫過於薄富爾，他有以下幾個重要的論點：首先，將戰略視為一個思考的方法，強調分析、綜合能力的重要性，「目的就是解釋事件，排列期優先次序，然後選擇最有效的行動路線。」[167]；其次，認為「戰略是一種演進的程序。……戰略必須是一種連續不斷的創造性思想程序，其基礎是一些假設。」[168]；再次，戰略也是一種最重要的心靈練習，……很有可能，戰略的思想程序將會應用到純粹政治的領域之內。」[169]莫蘭說明政治策略時指出，「它需要複雜的認識，因為策略通過伴隨和抵制不確定性、隨機性開展，利用多種多樣的相互作用和反饋作用的組合。」[170]此亦即行動戰略所要克服的基本問題。

　　曾擔任李德哈達的研究助手，保羅.肯尼迪（Paul kennedy）認為，「國家在和平時期的大戰略與戰時幾乎同等重要，……國家在和平時期也應儘可能尋求手段與

---

[167]同註 48，頁 16 。
[168]同註 48，頁 175 。
[169]同註 48，頁 67 。
[170]同註 162，頁 7 。

目標之間，手段與手段之間的大至平衡。充分評估行為的得失，爭取以盡量小的代價或取盡可能大的效益。」[171]拓展戰略的定義，成為肯尼迪首要的工作。他承襲著李德哈達大戰略的和平思想，以大戰略的視角研究戰爭與和平的問題。 法國學者蒙布里亞爾，則承續著薄富爾的行動戰略與思想程序，結合各種議題，包括著政治問題、經濟問題、國際政治問題、全球化問題等等，發展出實踐學的體系，[172]進行以行動戰略為主體的理論研究。這些都是在大戰略領域研究的一種成果展現。

伍、 代結論

戰略概念雖源自於西方，但演變至今已廣泛的被接受，目前戰略的研究仍以美國為重鎮，但在中國也快速的發展，對戰略概念的討論，仍是以中美為核心。

冷戰後，美國戰略概念發展是基於和、戰模糊的假設，戰略概念既要適應戰爭，又要適應和平需求；大陸則是基於和平發展的立論，既要維繫和平需要，又要運籌發展戰略，從邏輯與歷史過程理解戰略概念面對的新局，恐有緩不濟急，保羅肯尼迪將大戰略定義直接擴大，

---

[171]同註 63，頁 3 。
[172]同註 58，第一章部分。

期望能有所適應。但在戰略概念的轉換過程，首先必須解釋，如何從矛盾衝突，向矛盾合作結構的轉換，這是一個難題。溯源法與生成論，讓我們有機會回到前概念時期，去發現兩個重要的線索，一是矛盾屬於現象，衝突、合作、互賴…等則是事件狀態，現象與狀態，不必然走上兩極對立，卻能表現多樣態的關係模式。而在現象的揭示中，也發現實在界的顯隱與伴隨性的特徵，以及生活歷程所表現基本的，生存性、發展性、機轉性、行動性的反映形式，成為戰略概念生發的源起，成為生存戰略、發展戰略、機轉戰略、行動戰略，並且彼此也具有顯隱與伴隨性特徵，如此便能針對和、戰、發展的交織性，提出適當的籌劃與說明，未來需要針對生發模式進行理論解釋。

　　雖然薄富爾與鈕先鍾先後提出了戰略思想程序或思考方法，但要能將抽象的思維與實踐性相結合，就必須有一套心靈的法則，進行總整的程序，這套思維法則，便是能抽象思考，又能與實在狀態形成反饋，可稱之為「辯形思維方法」，這套方法，早已存在克勞塞維茨第一章的論述內容中，而且是克氏稱其為最成熟的文章，這尚待將克勞塞維茨的思想法則，具體的抽離出來，為我們所用。其次，與此議題相關的，便是戰略概念發展的研究方法，除了生發原理的運用外，仍需要進一步運用哲學，科學哲學、知識論與方法學等相關學科，進行研

究方法的探索，形成較穩定的學術範疇，以便於運用建構實在論學派的外推法，進行科際間的交流活動。

最後，在整理李德哈達和平時期戰略觀點，他的論述近似古典現實主義學派的思想，但彼此的宗旨卻不相同，李德哈達的目的是建立和平，而現實主義學派卻是以權力為中心的論述，戰略研究者是否可以循著李德哈達的和平思維，運用自己的研究方法，或是戰略程序思維與思想方法，在面對國際問題或是國內議題時，提出具有實用、可行的戰略方案，這將是一個值得深究的戰略概念發展方向。

《戰爭論》理論建構本質問題的探討

李黎明（東吳大學政治學系兼任助理教授）

摘要:本文自理論建構的「背景因素」、「內涵成份」，以及「邏輯結構」等三個面向，探討克勞塞維茨《戰爭論》寫作的根源問題，藉此以理解克氏未曾言明的理論建構的本質。分析的結論認為，克氏係以肯定拿破崙戰爭在理論價值的基礎之上，企圖建構一個迄未達成的綜合性理論。假設《戰爭論》果真能夠達成其目標，則有賴於找尋一種能夠共同解釋約米尼幾何原則與克氏理論的「最小公約原理」的實現。

　　《戰爭論》的兩位英譯之一，並為之撰寫導論文章〈戰爭論的淵源〉（"The Genesis of on War"）的巴芮特（Peter Paret），在文中提出一系列問題：克勞塞維茨欲嘗試理解的是甚麼樣的政治及軍事現象？他所抨擊的是甚麼樣的假設（assumption）及理論？他認為甚麼是

合理分析的方法論（methodological）要求？[1]

　　這個提問，依據巴芮特所陳述的問題與答案來看，似乎可以視為克氏寫作《戰爭論》未曾言明的「理論建構的背景因素」、「理論建構的內涵成份」、「理論建構的邏輯結構」等三個問題。這三個問題，整體來看，為克氏欲進行建構之理論的預設條件。亦即，涵蘊於克氏理論的外在形貌背後的內在本質。

　　一般而論，事物的本質隱藏於可觀察的現象背後，而不能經由直觀或自然觀察來掌握，只能經由概念的思辨和經驗的證實以取得。亦即，可以經由分析與重組的方式，經由對現象的觀察來揭示事物的內在本質。[2]

　　基於上述理解，本文即從巴芮特所提出的三個問題，進行探討克氏理論建構的本質問題。目的在於探討克氏未曾明說的動機與意圖，試圖對《戰爭論》一書的

---

[1] 鈕先鍾譯，《戰爭論》（台北：軍事譯粹社，1980年），頁 35-36；Carl von Clausewitz, Michael Howard & Peter Paret, translator, *On War* (London: David Campbell Publishers Ltd. 1993), p. 5.

[2] Dagobert D. Runes, *Dictionary of Philosophy* (Littlefield, Adams & Co., 1972), p. 97, 262, 110, 133, 145, 191; H. C. Barrett, "On the functional origins of essentialism," *Mind and Society*, Vol. 2, No. 3 (2001), pp. 1-30.

內涵作出更多的理解。

　　從《戰爭論》實際文本的觀察，尚不能充分獲得其對上述本質可觀察的證據。而自巴芮特的陳述，亦難以確證其為完整的解釋。同樣的，本文對於上述本質問題的探討，僅止於作出嘗試性的概念嵌入，以提供思考性的方案為目標，而並非在於增減或變更《戰爭論》的任何文本組成。

壹、巴芮特提出理論建構本質的問題

　　無論如何，《戰爭論》早已成為軍事、政治學科領域的歷史性經典著作。正面的評價一般認為：《戰爭論》對戰爭的各種現象進行全面性分析而又富有哲理的書、為一部重要的軍事經典巨著、研究戰爭與戰略問題上最適切之論述、是有史以來有關戰爭論述中最高明的見解、是世界上所僅見的、最深入、最淵博、最有系統的戰爭研究、具備軍事科學的水準、真正掌握了戰爭的本質與根本問題、有一套具體的思想體系、有效解釋軍事歷史與戰爭實踐、是其他著作所無法替代的、最能引起爭論和最有影響的、是一本世界上最透徹、最能全面論述戰爭現象的著作、是第一位偉大的戰略學家，是現代戰略學研究的始祖、為研究軍事學術最佳的理論著作、它闡明了有關戰爭及用兵的普遍真理、從事戰爭與和平

問題研究的基本典籍、是現代軍事哲學的圭臬、前無古人，後無來者。

而負面的評價則認為：《戰爭論》是一本容易引起誤解的不完全而又未經修飾的初稿、其時代特性已部份不合實際、主張極端暴力行為、其觀念被理論型式和複雜性所誤導、偏重陸軍、未重視作戰補給線問題、不夠嚴謹、片面缺失、過時的理論、內容龐雜、文字晦澀、濃厚的主觀意識、必須知道其本末之所在而有所取捨、為人斷章取義而加以引用的機會較多，而實際加以研究者較少。[3]

此種評價上的差異，適足以反應了巴芮特提出問題的必要性。欲深層了解其真正的原因，則可能需自克氏寫作《戰爭論》的理論建構內在本質問題中著手。《戰爭論》或許沒有言明內在性的理論建構本質的具體陳述，但已明確說明了理論建構目標的意涵。這可以從克氏本人的說詞來觀察。克氏寫作《戰爭論》的目的，就是想從戰爭整體的深入了解中，進行其合乎科學的邏輯推理，以建立一個理論性的結論，作為戰爭的普遍原則。他認為，就戰爭而論，經驗固然有實用的價值，但對行為的指導，只能從一種綜合的與科學的分析中產生出來。這類的觀點，實際上遍佈全書。然而，克氏自承並

---

[3] 王漢國，《戰爭論導讀》(桃園：佛光人文社會學院編譯出版中心，2003)，頁 177-186。

沒有達到此種理論建構的目標，也沒有考慮「系統或形式化的連接」（without concern for system or formal connection.）。[4]如何理解克氏的具體所指，尤其關於後者的實際意涵，若從《戰爭論》建構理論的本質問題中著手，則可能有所助益。

巴芮特對他自己提出的問題，大致是以編年史的敘事方式提出了解釋與說明。[5]本文對應他的提問與解釋性的陳述，大致可以就「理論建構的背景因素」、「理論建構的內涵成份」、「理論建構的邏輯結構」，歸納作出三點結論。

第一點、關於「理論建構的背景因素」問題：

巴芮特認為，若能認清克氏寫作的來歷與學術環境，則對於戰爭論的研讀是有益無損。巴芮特指出，克氏的理論，是以對現在以及過去的現實為基礎為宗旨的寫作；克氏的觀察與論述，顯現一種對於當時主流觀點的假設與理論的懷疑，以及同樣是一種對過去非教條化傳統的迷戀。

巴芮特指出，在 1794 年之前，克氏相信軍事制度

---

4 鈕先鍾譯，《戰爭論》，頁93；Michael Howard and Peter Paret, trans, *On War*, p. 71.

5 鈕先鍾譯，《戰爭論》，頁 33-48；Michael Howard and Peter Paret, trans, *On War*, pp. 3-15.

及其武力使用係建立在個別國家的不同條件之上，普魯士既有的社會與軍事制度，可以與拿破崙的創新制度分庭抗禮。然而，在 1806 年普魯士的慘敗，使克氏認為戰爭不可視為一種單一的軍事行動，普魯士幾十年來的政策在戰爭尚未開始之前就已決定勝負。普魯士的傳統制度與態度根本無法應付拿破崙的優勢兵力與新戰法。之後，普魯士改革運動就朝向拿破崙全民皆兵的整體制度改變，軍人的任務即在於從思想與制度上與法國的新戰爭方式取得一致。

第二點、關於「理論建構的內涵成份」問題：

巴芮特指出，克氏反對當時流行的戰爭規律或戰術準則觀念，不認為遵守準則可以使機會降到最低限度。武力、政治影響以及人的智慧、意志與感情的自由作用為支配戰爭的力量，而非作戰基地、內線作戰等準則規律；其次，1793 與 94 年之間的戰役，使克氏也認識到戰爭為政治的目的或至少具有政治性後果，政治與戰爭之間應保持適當的關係。

第三點、關於「理論建構的邏輯結構」問題：

巴芮特指出，克氏採用歷史研究法、康德哲學以及科學假設的研究方法（作者註：在研究的途徑或方法方面）；克氏儘量多的提出了天才、二元、摩擦、藝術、直

覺、暴力的概念（在基本概念方面）；克氏認為理論及其
所產生的教條必須臣屬於偉大的創造才能、理性感知。
理論應該是綜合的與科學分析的。反對實用主義的雜亂
無章，想獲致一種合於邏輯的現實結構（在理論結構方
面）；克氏儘可能嘗試發現為何發生的理由以及如何發生
的經過；克氏採取一種改良型的辯證法。藉由觀察、歷
史解釋、推論的程序（在邏輯推論方面）。

　　就第一點而論，巴芮特似乎認為其意義僅止於克氏
經歷了思想上的轉變而已，巴芮特並沒有進一步說明克
氏對第一點的真正觀點與態度。其次，關於戰爭與政治
的關係，巴芮特指稱，「比較不為人所理解的卻是此種觀
念的含意」，究竟何指？如果僅僅如克氏、巴芮特以及許
多人所陳述的說法，「軍事手段必須受政治目的之支
配」，這本為整體政府組織的階層性結構，那也就實在平
淡無奇，而且並不足以構成一個具有因果關係的理論命
題。再者，關於理論結構的邏輯性問題，巴芮特則更少
觸及現代科學哲學的意義。由此觀之，對以上說明，巴
芮特似乎並沒有作出具體完整或蘊涵因果關係的解釋。
未能澄清的疑點，應該另有原因。

貳、「理論建構的背景因素」

　　關於巴芮特所提出的第一個問題，如果從原文

（What political and military experiences influenced its author?）直譯為「什麼樣的政治的與軍事的經驗影響了克勞塞維茨？」，可能比較淺顯的呈現了問題的意義。從巴芮特陳述的內容來看，1806 年普魯士的戰敗，似乎是克氏對普魯士民族信心的逆轉點。克氏從堅持普魯士既有社會與軍事制度價值的信念，一轉而為必須推動執行普魯士全面學習法國的改革運動，而且身負僅僅次於改革運動領導人的次要角色。普魯士的軍事改革，實際上是青年軍官對拿破崙戰爭威力崇拜的產物，亦即對拿破崙戰爭與戰略新形式的全面肯定。前者幾乎由其恩師沙恩霍斯特（Gerhard Johann David von Scharnhorst）主導全國性的改革角色，而後者已經由普魯士的畢羅（Adam Heinrich Dietrich von Bülow）以及法國的約米尼（Baran Antoine Henri Jomin）前後為拿破崙戰略作出數學與幾何式理論的結論。在此種相互衝突的現實情勢下，我們可以設想對克氏可能產生的心理衝擊。亦即，他必須面對這兩種極端價值的評價，以來建構其軍事理論。

事實上，拿破崙戰爭形式的出現，使得 1792 年的戰役成為新舊兩種戰爭形式的明顯界線。舊形式的戰爭緣自於 1648 年，戰爭在政治與軍事兩方面都比較有節制，戰爭只有有限的目標，作戰的方式通常為依賴補給基地沿著行軍路線遂行攻城戰。在組織方面，普魯士的

191

軍隊形同國王的工具，絕對服從國王的命令，而法國的軍隊已經成為一支民族性的軍隊，在將領的有效領導下可以有卓越的表現。反之，法國將領若領導無方則會引發恐怖與叛亂。[6]

就此意義而論，從當時的時代背景來看，克氏的思想必然受到拿破崙戰爭形式的重大革命性意義，以及普魯士因而採取軍事改革行動的影響。對於克氏而言，這個問題顯然是要作出 1806 年前後不同的價值判斷，以及因此要決定未來軍事發展的方向及其在戰爭與戰略理論中的變革意義。的確，從巴芮特的陳述內容來看，他想說明的是 1806 年前後普魯士軍事思想的轉變對克氏思想的影響意義，但是他並未述及具體的內涵。本文認為需要進一步了解的是，拿破崙新形式戰爭的成功以及普魯士軍事改革，對克氏建構理論的思想與態度導致何種認知？易言之，就時代意義而言，克氏思想是拿破崙新戰爭形式的反動抑或支持？以及他在理論方面的建構方向究竟有著何種意義？本文以下從三個方面分析之：

第一、克氏對拿破崙的軍事思想與戰略作為，其實是持相當肯定的評價。從克氏的理解來看，拿破崙的成

6　J. F. C. Fuller, *A Military History of the Western World,Volume 2: From the defeat of the Spanish Armada1588, to the battle of Waterloo, 1815*, (New York: Funk ＆ Wagnalls, 1954), pp. 346-349.

功可能不僅僅是戰略本身的正確，他在策訂戰略上的個人才能，亦即判斷與決策的能力必然也是卓越的。因為，在同樣的情況下，其他人不必然能夠得到同樣的結果，尤其是普魯士的將領們經常表現平庸。在《戰爭論》的內容中，提及拿破崙之處，幾乎全是讚美與肯定之辭，而幾乎找不到負面的批判詞句。為人熟知的，克氏一直是站在批判的觀點否定包括畢羅與約米尼所主張的數學及幾何規則，甚至在第三篇第十五章通篇評論幾何觀念在戰略領域的荒謬性，[7]然而在第一篇第三章〈論軍事天才〉中，克氏卻稱：「拿破崙在這一方面說得很正確：總司令所面臨的許多決定很像-----天才才能解決的數學問題」；在第二篇第五章〈精密分析〉中，關於1796年拿破崙解除對曼圖亞（Mantua）的包圍以便轉用兵力之舉，克氏唯一的評價是「無限敬佩」；關於拿破崙1815年的最終失敗，克氏認為「至少並非他的過錯」；克氏在論及歷史研究的重要性時，特別引用拿破崙法典（Code Napoleon）的說法；在論及軍人武德時，將拿破崙與亞歷山大、凱撒、古斯塔夫菲德烈大帝等名將並列；在論及防禦陣地時，指出：「在面對像拿破崙那樣的敵人時，-----應該退守至較堅強的戰地」。[8]

---

[7] 鈕先鍾譯，《戰爭論》，頁325-326；Michael Howard and Peter Paret, trans, *On War*, pp. 251-252.

[8] 鈕先鍾譯，《戰爭論》，頁頁169, 237, 239, 258, 282,

甚至，《戰爭論》中，也有很多觀點具有拿破崙思想與作為的成份。另一位譯者何華德（Michael Howard）就指出，第三篇論戰略部份的觀點，不過只是拿破崙的戰略。何華德也引述了毛奇的觀點，稱克氏關於殲滅主力、決定點、精神力量、指揮官的自信與彈性等觀點，對於那些具有拿破崙戰爭經驗的普魯士青年軍官幾乎要算是老生常談。[9]

　　第二、關於普魯士的軍事改革態度，在1807年10月9日，普魯士政府已經仿照法國大革命的作法，發表了《解放令》，廢除了農奴制。沙恩霍斯特指出：「當人們就像雅各賓黨人那樣知道求助於人民的精神時，我們就勝利了」。實際上，他希望建立一支受益於普通士兵的獻身精神的軍隊，也就是拿破崙所開創的全國皆兵制度。[10]「此種改革主要的改變在於：改良軍事組織，建立統一指揮的參謀本部制度；改革徵兵制度，採取了逐日徵召施訓以隱密方式朝向義務役制度轉變；建立鐵路運輸系統，發展外線作戰戰略。而其本質意涵，即在於

642；Michael Howard and Peter Paret, trans, *On War*, p. 130, 188, 189, 204, 221, 489.

[9] 鈕先鍾譯，《戰爭論》，頁67；Michael Howard and Peter Paret, trans, *On War*, p. 32.

[10] 陳高峰、李健、張東航，「沙恩霍斯特普魯士軍事改革之父」，《環球軍事》（北京），2005年06期，頁39。

接受了拿破崙的戰略戰術觀念與形式」。[11]

第三、當時，普王腓特烈（Frederick William）與其將領之間並無一致的理念，普魯士的政治與軍事關係並不能達成統一指揮的效果，每每影響會戰的結局。以1806 年的耶納會戰（The Battles of Jena）而言，普魯士軍隊的指揮權力，分別由五位親王及將領組成，為了減輕他們之間的齟齬，普王腓特烈親自擔任統帥，甚至把戰時內閣都一起帶往戰場，結果就是處於冗長辯論與永遠爭執不休之中而延誤或決策錯誤。普王腓特烈甚至在統率七萬人的第一軍團指揮官陣亡之後，既不指派一個接替人員，又不親自接替指揮。對於此種情況，沙恩霍斯特曾經記載著：「關於我們應該如何行動，我自己非常清楚，但是我們終將如何行動，卻只有上帝才能知道」。由是，對於耶納戰役中普軍採取對法軍有利的行進與部署，就使拿破崙不免大感驚訝。[12]

對於克氏而言，以上情形，可能具有下述意義：拿破崙巨大的軍事勝利，顯示了一般熟知並引以為用的基本戰略戰術原則，並非獲致會戰勝利的必然法則；拿破崙的成功完全在於他個人的天才魅力所致，而這一點並

---

[11] 程廣中，「論 19 世紀初普魯士軍事改革」，《史學月刊》（北京），1988 年 2 月，頁 90-97。

[12] J. F. C. Fuller, *A Military History of the Western World, Volume 2*, pp. 419-421, 438.

非一般人可以自野戰教範中學習得來；影響戰爭的因
素，除了數學幾何以及天才之外，尚有其他因素，這就
是《戰爭論》所要探索的綜合性理論內涵；約米尼自稱
他的理論是對拿破崙戰爭提煉的成果，《戰爭論》可能同
樣也是出自這樣的想法，欲對拿破崙戰爭作出總結。易
言之，這幾點可能就是克氏建構理論對當時背景因素的
認知。

參、「理論建構的內涵成份」

巴芮特對第二個問題的說明，僅僅指出克氏所反對及
欲建構的是甚麼樣的理論，以及政治與軍事的關係，這也
是克氏已經清晰陳述而為我們所熟知的內容，並沒有更進
一步的深層分析。

首先，從克氏強烈批判畢羅與約米尼的數學與幾何原
則不能作為戰爭理論的主要因素的論點，並不能推論其完
全否定那些原理的基本價值。事實上，從拿破崙戰爭的形
式與結果來看，克氏已將戰爭視為包含各項複雜因素的綜
合性理論，絕非單純的野戰規則可以決定。因此，克氏難
免矯枉過正，以極端性的方式來強調綜合性理論的正當
性。我們從《戰爭論》第三篇第十五章，克氏專論〈幾何

因素〉的陳述中，[13]可以看出此種端倪。

　　克氏在文中指出，幾何學是「調動部隊理論的基礎」，是「狹義的」。這種說法當然沒有否定幾何學在戰場中的基本價值，只不過說明它是一種狹隘的用途。甚至，克氏在其1812年的著作《戰爭原理》（ *Principles of War* ）一書中，仍然是以幾何圖形來陳述攻擊、部隊移動以及地形原理。[14]克氏認為幾何學的再度受到重視，是「由於迂迴敵人已成為一切戰鬥的目的」，是由於當側背遭受攻擊，撤退機會迅速消減的階段，指揮官必須嘗試脫離窘境所需，實際上是更進一步承認了幾何學在野戰運用中關於補給線原理的價值。不過，克氏此語的目的還是在於譏諷過時的迂迴行動，以及不合拿破崙戰法的防禦性作為。最後，克氏終於指出他所佩服的拿破崙戰爭形態與特徵為例：「當部隊對抗時一切都比較機動化，而心理力量，個人差異，和機會都扮演一種較有影響作用的角色」，幾何學就失去其管制的作用；「在戰略中所已贏得的戰鬥次數

---

13 鈕先鍾譯，《戰爭論》，頁 325-326；Michael Howard and Peter Paret, trans, *On War*, pp. 251-252.

14 Carl Von Clausewitz, 1812, Hans W. Gatzke, Translated and edited, *Principles of War*, The Military Service Publishing Company（ Harrisburg, PA: Stackpole Books. 1942 ），

http://www.clausewitz.com/readings/Principles/index.htm.

和規模」、「在某一點所獲優勢」，這些都遠比幾何因素有效力與具有意義。因此，克氏才會結論道：「一種綜合性戰爭理論的主要任務之一就是要破除此種謬論」。

一如前述，拿破崙戰爭的威力給予當時任何國家或克氏本人都帶來巨大震撼與肯定。如果說，克氏認為拿破崙戰爭的新形式，為機動化、心理力量、個人差異、機會、戰鬥的規模與次數，以及決戰點的優勢所構成的綜合性戰爭，是導致勝利的關鍵因素，則其認識是正確的。因此，他主張在此種情況下，迂迴、調動部隊的技巧、撤退的補給線所需運用的幾何原理，就不能片面的構成勝利的最主要決定性因素，此種論點就顯然成立。由此觀之，克氏所要建構的綜合性理論，事實上包括了約米尼等人的數學幾何原則，以及克氏自己所提出的廣泛因素，只有涵蓋了諸種因素的分析，才能解釋複雜的戰爭與戰略現象。

其次，關於戰爭與政治之間的關係。依據巴芮特的說法，我們應該從1793-94年的時代背景去理解。

在1789到1815之間，法國與歐洲國家之間爆發全面性的戰爭。法國時而與他國結盟，目的在於國家利益，但大部份時間與他國為敵，目的在於宣揚革命。因此，整體而言，法國與歐洲其他國家之間，成為意識型態、政治、社會制度衝突的戰爭。法國對抗歐洲多數國家的反法聯盟，然而卻經常獲得勝利。這是基於法國大革命精神的感召，以及訓練與戰鬥精良有效的軍隊。法國大革命之後的暴民

統治，尤其在1793-94年之間，一方面國內各派系相互傾軋爭奪統治權，另一方面，全面與反法聯盟介入干預的軍隊作戰。1793年雅各賓派專政後，於1794年初，法軍擊敗外國干涉軍隊，在比利時境內亦取得重大軍事勝利。隨後，拿破崙接替了領導地位，持續進行這種對整個歐洲民主革命意識形態的武力輸出。[15]

由此觀之，以克氏本身體驗所面臨的 1793 與 94 年戰爭，實為法國國民議會決定對所有其他王權政府徹底性打擊的政治意涵與影響，其性質應該完全不同於傳統戰爭形式與目的，而係法國當政者在政治上之目的與決心的產物。因此，巴芮特才會指出克氏欲表達的觀點：戰爭為政治的目的或至少具有政治性後果，政治與戰爭之間應保持適當的關係。

關於政治目的對軍事手段應具支配地位的問題，何華德指出，在《戰爭論》全書中，克氏僅在第一篇第一章與最後的第八篇提及，除此之外，克氏都很少提到。何華德引述了極力推崇克氏的毛奇（Helmuth von Moltke）以及當時許多重要人物的觀點，他們有很多採取不同意克氏的立場，而認為政治支配軍事的觀念已經不合時代。[16]他的解釋似乎也可以呈現對此種情況在某

---

[15] E. J. Hobsbawm, *The Age Of Revolution 1789-1848*(New York: The New American Library, 1962), pp. 101-125.

[16] 鈕先鍾譯，《戰爭論》，頁 67-71；Michael Howard and Peter

種程度上的呼應。例如，何華德引述了一種觀點：「-----
近代戰爭的物質條件也不再容許避免徹底的決戰，兩軍
-----對陣------除勝利以外即更無其他目的------所以政府
在政治目的上給予統帥的指示也就變成一件非常渺小的
事情」。易言之，其欲表達的意義實為：對歐洲其他國
家而論，法國那種瘋狂式暴民政治的目標與效果已經不
復存在。

　　有一個實際例子，可以引為說明。1827 年的聖誕節
前夕，面對奧地利與薩克森聯軍北上入侵情勢下普軍的
戰場兵力部署方案，克氏與部隊參謀長 von Roeder 少
校經由信函討論其中的戰略問題。克勞塞維茨在信中指
出：政治愈是從整個民族及其生存的利益出發，問題愈
關係到彼此的生死存亡，政治與仇恨感就愈加一致，戰
爭就變得愈加單純，完全從暴力與消滅敵人的純概念出
發。這樣的戰爭看起來完全是非政治的，被認為是真正
的戰爭。但是很顯然，這樣的戰爭同其他戰爭一樣，也
少不了政治因素，只是政治因素同暴力和消滅敵人的概
念一致，不易為人們察覺而已。[17]克氏的陳述，並不像

Paret, trans, *On War*, pp. 32-35.

[17] Peter Paret & Daniel Moran, Edited and Translated, *Carl
Von Clausewitz: Two Letters On Strategy*, with Peter
Paret introduction（Fort Leavenworth, Kansas: U.S. Army
Command & General Staff College, 1984）, pp. 21-44.

是在指稱內部政治與軍事的關係，而似強調戰爭與政治目的的問題，或者說是單一戰爭的性質問題。前者屬於內部統一指揮的意義，為一種極為平常的觀念；而後者則屬於某一戰爭的性質的問題，正如當時具有革命性意義的法國全民戰爭性質。如果延伸此種例子，後來的納粹、法西斯以及軍國主義，可能即為克氏所陳述的意義。

　　如果我們回頭再次審視克氏的陳述內容，似乎可以看到此種對1793與94年戰爭性質的影射。克氏在第一篇第一章，指出政治的目的亦即戰爭的原始動機，將決定所應達成的軍事目標與所要求的努力；政治目的涉及人民的程度愈少，或在國家內外的緊張程度愈輕，則政治要求的本身也就愈具支配與決定性；「若認為戰爭可以有各種不同程度的重要性和強度，從滅國絕種到僅為武裝監視，那是並無任何不合理」。在第八篇第六章，克氏指出：「戰爭不過是政治用其他手段的延續」；「這種觀念也告訴我們戰爭應如何依照其動機的性質，和其所處的環境，而具有性格上的差異」；「所以，在戰爭藝術中的實際改變，都是政策中發生變化的後果」；「不過假使政策要求戰爭所無法達到的目標，則政策也就犯了錯誤」；「認清了戰爭-------是應由政策中發展而成，政治與軍事利益之間的衝突也就可以避免」。[18]

---

[18] 鈕先鍾譯，《戰爭論》，頁 118-120；Michael Howard and Peter Paret, trans, *On War*, pp. 90-91, 728-737.

簡言之，克氏對政治與軍事關係之所指，其主要目的不在於說明一般常態下的政府組織功能與關係，而在於強調法國那股暴民政治以及拿破崙個人才能所發出來強大影響力的事實。法國軍事上的成功，無論是革命時期或拿破崙帝國時期，無非就是軍隊服從強大政治影響力的結果，也是一種無可否認的歷史事實。這其中，當然也包括了意識形態風潮、徵兵制度改革、以及其他各種因素所帶來的實際效果。在革命抑或常態任一情況下，如果軍事不能從屬於政治，法國的勝利就無法獲致理論上的支持。

肆、「理論建構的邏輯結構」

關於《戰爭論》理論建構的方法論要求，巴芮特就研究的途徑與方法、基本概念、理論結構、邏輯推論等方面陳述了克氏的想法，從陳述的內容來看，似乎只是概念雛形，尚不足以進行理論建構的操作步驟。本文即從科學哲學的觀點進行分析理論建構的邏輯與結構成份，並嘗試性的嵌入《戰爭論》的相關概念，以分析建構克氏理論的可能結構。

首先，關於理論建構的典範問題，一直存在著爭議。從科學哲學的歷史演進過程而論，理論究竟屬於客觀事實？觀念世界？抑或社會的建構？這涉及理論建構的知識論、本體論，尤其是方法論上的根本問題。在沒有釐

清這些問題之前，任何形式的理論建構步驟，在科學哲學的論題上，都會遭到合理性的打擊與否定。以目前而論，其間的論戰，寬廣而浩繁，且方興未艾。其定論，如果真有，也無跡象顯示在未來一個或幾個世代可以解決。

以最後提出批判觀點的建構主義者而論，他們不認為知識系統中的概念，與自然界的對象有一一對應的關係。反而是科學知識以一整個概念系統和自然相接，自然有足夠的彈性可以容納並存許多概念系統。所謂「建構」，即為經過磋商與折衝後產生共識，藉此以形構科學知識。[19]從建構主義者的觀點來看，實證論與觀念論的說法都不真實，也都不構成問題，唯有既存各種不同理論在最後的談判結果能形成共識，才是理論建構的正確途徑。如此觀之，無論採取哪一種科學哲學觀並不重要，關鍵乃在於理論的結構與建構過程，是否符合「邏輯性以及可驗證性這些屬於社會科學哲學主要關注的方法論問題」。[20]

---

[19] Barry Barnes, *Scientific knowledge and Sociological Theory* (London: Routledge and Kegan Paul, 1974)；David Bloor, *Knowledge and Social Imagery* (London: Routledge and Kegan Paul, 1976)，

[20] 引號內的陳述為 Richard S. Rudner 的觀點，參見 Richard S. Rudner, *Philosophy of Social Science* (Englewood Cliffs,

本文的目的僅在於探討一個狹窄範圍的個別理論，實則無暇等待也無必要在上述問題解決之後，再進行理論建構的諸項問題。因此，以下將採取一種可以被廣泛接受的論點，就科學哲學最基本的要求進行分析。

　　其次，理論的意義與作用究竟為何？[21]Richard S. Rudner 認為，在科學術語中，沒有幾個名詞的用法像「理論」這個名詞一樣長期處於一種無人可管（anarchic）的狀態之中。依照 Rudner 的說法，一種高度精煉過（compressed）的「理論」表述，可以說成是有系統相關性的一組集合的陳述（statements），包括在經驗上可檢驗的某些準法則性的概括綜合（lawlike generalizations）。[22]

　　Carl G., Hempel 且指稱，當我們對一組現象之研究，已經達到可以揭露其系統一致性，而且足以以一個經驗定律予之表達的時候，即為一個理論可以被適時引進的時機。而理論的用途，即在於說明欲研究現象的規律性。原則上，理論解釋現象的形式，是以受理論定理

　　N. J.: Prentice-Hall, Inc. 1966), p. 3.

[21] R. B. Braithwaite, *Scientific Explanation* (Cambridge, U.K.: Cambridge University Press, 1953), pp. 1–9; Israel Scheffler, *The Anatomy of Inquiry* (New York: Knopf, 1963), pp. 3–15.

[22] Richard S. Rudner, *Philosophy of Social Science*, p. 10.

或理論原則所支配的理論實體 (theoretical entity)或過
程,經由這些定理或原則來說明欲研究現象的規律性。[23]
所謂理論「實體」,亦即理論的「存在、本質、或存有
物」。例如,在描述自然科學理論時的「質子、電子、
力場、黑洞」等等,以及在描述社會科學時的「制度的
慣性」、「文化的落後」等等,均稱之為理論的實體。[24]

　　克氏的《戰爭論》,正是在廣泛觀察下揭露了戰爭
諸問題的系統一致性,甚至已經有了若干他大力抨擊但
實際並未完全否定的基本規律被奉為準則遵行,自然,
其建構理論的時機已然成熟,而其目的亦在於希望能夠
對戰爭現象作出適當的解釋。克氏提出了許多像是理論
實體的概念,例如他將戰略的要素 (elements) 列舉為
道德、物理、數學、地理的與統計學 (moral, physical,
mathematical, geographical and statlstical) 等幾個項
目。在第四篇中,則稱後者為戰爭中起作用的若干要素。
在第六、七篇內,克氏討論的則是戰場內的作戰指導,
包括了作戰基地(base of operations)、聯絡線(lines of
communications) 以及迴旋運動(turning

---

[23] Carl G. Hempel, *Philosophy of Natural Science*
　　(Englewood Cliffs, N.J. : Prentice-Hall, Inc. 1966) , p.
　　70.

[24] Richard S. Rudner, *Philosophy of Social Science*, p. 23.

movements 》[25]克氏也經常強調諸如暴力、政治、天才、意志、感情、摩擦、戰爭之霧等等概念，這些都足以用為初步的構成解釋系統的理論實體。

再者，理論的組成結構又如何？它應具備甚麼樣的條件？綜合一般的說法，[26]理論應該包括以下幾個部份：

（一）陳述在此目標系統內部與理論有關的組成變數、變數間的結構關係及其不可或缺性、變數間的運作機制。諸此，有關系統內部變數特徵以及各種狀態之描述；亦即，提出一組核心假設（core assumption），或稱「內部原則」（internal principle），或稱理論的「硬核」(hard core)。

（二）陳述此一系統內部組成與外部可觀察屬性之

25 Peter Paret & Daniel Moran, *Carl Von Clausewitz: Two Letters On Strategy*, P. ix.

26 Carl G. Hempel, *Philosophy of Natural Science*, pp. 72-75; Richard S. Rudner, *Philosophy of Social Science*, p. 86; R. B. Braithwaite, *Scientific Explanation*, pp. 50–114; Ernest Nagel, *The Structure of Science* (New York: Harcourt Brace, 1960), pp. 79–152; C. F. Presley, "Laws and Theories in the Physical Sciences," in Arthur C. Danto and Sidney Morgenbesser, edited, *Philosophy of Science*(New York: Meridian, 1960), pp.215–225; Stephen Toulmin, *Philosophy of Science* (London: Hutchinson, 1953), pp. 105–139.

間的對應關係；亦即，提出一組橋樑假設（bridge assumption），或稱「媒介原則」（bridge principle），或稱理論的「保護帶」(protective belt)。

（三）提出此系統必然遵行某種規律的邏輯結論。

Hempel 所指的「內部原則」，是用來描述該理論所運用的基本「理論實體」與過程的特性，並假設他們能符合所陳述的規律；而「媒介原則」是用來指出該理論先前被描述的過程，如何與我們已知且為該理論欲說明、預測的現象關聯起來；亦即，一個理論若沒有媒介原則，它就缺乏說明的能力，也就不能加以試驗或觀察。要從理論中的內部原則，推論出可觀察的試驗涵蘊時，顯然需要適當的媒介原則作為前提來連接兩者的相關概念。[27]

同樣的理由，拉卡托斯(Imre Lakatos)用另一種概念詞作出陳述：理論係由「硬核」與「保護帶」(protectlve belt)所構成，理論的硬核是不容挑戰的核心，而「保護帶」係由「輔助假設」(auxiliary hypothesis)所構成。[28]

---

[27] Carl G. Hempel, *Philosophy of Natural Science*, pp. 72-75.

[28] Imre Lakatos, "Falsification and the Methodology of Scientific Research Programmes," In Imre Lakatos and Alan Musgrave, eds., *Criticism and the Growth of Knowledge* (N. Y. : Cambridge University Press, 1970),

就上述意義而論，克氏所提出的若干基本概念，即使有些可能並不具有理論的意涵，或者真正關鍵性的概念也尚未提出，然而，這些概念原則上應該分屬於兩類。第一類應屬於與理論實體有關的概念，例如，力、空間、時間、摩擦等等。第二類則應屬於不可直接觀察或經驗理解的概念，例如飽和、二元性等等。

除了首先必須說明這些概念的不可或缺性，並賦予它們在性質、特徵以及關係意義上的陳述，更重要的則在於指出一種規律性描述，最後則需連接兩類概念之間的關係，以使後者具有抽象的意涵且能夠普遍解釋某種規律性的因果關係現象。例如，如何以力、空間、時間、摩擦等概念來描述飽和、二元性等現象及其規律，使後者成為一種對戰爭現象解釋或預測的普遍律則。同時，此種抽象的程度愈高，則愈具有普遍通則或大理論的意義。

關於此點，美國學者魯瓦克（Edward N. Luttwak）於 1987 年《戰略：戰爭與和平的邏輯》(*Strategy: The Logic of War and Peace*)一書提出「矛盾邏輯」（paradoxical logic）的概念，從《戰爭論》引證他的抽象概念，作為對戰略原理的普遍解釋，以來解釋戰爭與和平的現象。魯瓦克使用「趨於一致」(coming together)「飽和」(culmination)以及「逆轉」(reversal)

pp. 91-180.

的概念。他認為，如果把「時間」作為一個動態因素引入，我們便可了解矛盾邏輯的總體，乃為「對立雙方趨於一致，甚至情勢逆轉」。易言之，勝利和成功的推進可能逐漸削弱其優勢，正如失敗和退卻將有助於逐漸增強已遭受挫折部隊的戰鬥力一樣。[29]

　　魯瓦克的此項概念，正好介於畢羅的太簡化與克勞塞維茨的太複雜之間，雖然避開了十九世紀長期以來戰略論辯的焦點，卻又成為新的理論爭議。他被一些支持者譽為「以哲學家的洞見概括了戰爭的辯證觀」（war's dialectic），甚至被視為克勞塞維茨學派的「復興」。[30]這是否意味著揭開了理論困境的出路，或至少提供了理論再思考的契機？

　　Luttwak 以直覺的形式，未經嚴密的論證即於其著作的前言內提出此一假設。雖然，他的假設與論證均缺乏概念間關係以及因果關係的客觀證據，因而在理論上

---

[29] Edward N. Luttwak, *Strategy: The Logic of War and Peace*, rev. and enl. ed. second printing. （Cambridge, Mass.: Belknap Press of Harvard University Press, 2003）, pp. 16-20.

[30] Peter Paret, "Clausewitzian Echoes," *The New Republic* 196, (May)1987, p. 30; Bruce-Briggs, B. 1987. "The Clausewitz Of Transylvania," *National Review*, No. 3（July）1987, pp. 44-45.

的定位仍屬爭議。[31]然而，他確比克氏多邁了一步。就理論建構的意義而言，魯瓦克提出了一項橋樑假設的使用，至少也是一項具有高度抽象意涵的核心假設。關於其進一步在理論上的連接，已超出本文的範圍，暫不涉及討論。

　　最後，真正完美的理論是否可以達成？誠然，縱使有著上述的理論結構格式，想要據此建立一組合於要求的理論命題，仍然是相當困難的目標。Rudner 將此完

[31] Manfred Halpern, "Book Reviews." *Political Science Quarterly*, Vol. 103, No. 1(Spring),1988, pp. 149-150; Gregory R. Johnson, "Luttwak Takes a Bath," *Reason Papers* 20(Fall)1995, pp. 121-124. In http://www.mises.org/reasonpapers/pdf/20/rp_20_9.pdf. Latest update 28 July 2007; Chester Crocker, "A Poor Case for Quitting," *Foreign Affairs*, Vol. 79, No. 1(January/February)2000, pp. 183-186. In http://www.foreignaffairs.org/20000101faresponse4335/chester-a-crocker/a-poor-case-for-quitting.html. Latest update 24 Feb. 2008.; Sergio Vieira De Mello, "Enough is Enough," *Foreign Affairs*, Vol. 79, No. 1(January/February)2000, In http://www.foreignaffairs.org/20000101faresponse4386/sergio-vieira-de-mello/enough-is-enough.html. Latest update 21 May 2007.

美的理論陳述稱為「完全形式化」（full formalization）
的理論表述，意指一種理論的表述達到完全演繹的聯
繫，它就達到了一種精確的演繹階段，它所包含的命題
即處於相互聯繫之中。但是，目前僅有極少數的理論能
夠達到此一符合科學地位的標準。不能達到完全形式化
的困難情形，在社會科學中比自然科學尤為嚴重。
Rudner 甚至懷疑，致力於完全形式化是否為一種好的
目標？

　　此種困境的主要原因在於，其一，理論陳述必須為
相互聯繫的一系列命題，而這項完全演繹要求的方法論
知識與技巧，並非所有理論建構者所熟悉，因而並不易
達成。其二，完全演繹系統對理論引進概念的要求是無
法避免的嚴謹，理論所欲引進的概念詞，必須應為經驗
詞或觀察詞，但是有太多的情況下，無可避免的必須引
進「理論詞」（theoreticals）以及「傾向詞」
（dispositionals），前者表示的是「不可觀察實體的不可
觀察的特徵」，後者表示的是「可觀察實體的不可觀察的
特徵」。前者如「電子」、「超我」、「慣性力」、「制度的惰
性」，後者如「可燃性」、「彈性」、「硬度」等等。這些均
不能經由客觀觀察而得知，自然為經驗主義者所拒絕。

　　但是，Rudner 主張，在社會科學理論形式化比自
然科學更低的先天條件限制下，我們不得不滿足於缺乏
完形化表述概念的「部份形式化」（partial formalization）

條件下，來從事社會科學理論的建構。易言之，在理論的陳述中，不一定要全屬邏輯關聯的命題形式組成，也不一定要全部使用經驗性的概念引進。前者即為定義式的理論模式，後者即為分析式的理論模式。[32]

從《戰爭論》的陳述內容觀察，其屬於真命題的部份比較薄弱，可以說克氏進行的是一種定義式的理論模式建構。然而，即使加上魯瓦克的補充並完成結構上的整合，它也只能稱為是一種分析式的理論模式。因此，戰爭或戰略理論的建構，仍屬一片未可知的未來映像。

伍、普遍原理的尋求（代結論）

前述理論建構背景問題之外，克氏最終欲追求的目標，仍在於建構一種普遍性的原理，期能涵蓋戰爭與戰略一切問題的解釋。所謂戰略的普遍性原理，通常被稱為若干戰略原則，且各家說法不一，難成定論。魯瓦克曾經指出，甚至在警匪之間的巷戰中，亦具有戰略的性質。[33]如果同意魯瓦克這種對戰略意義的普遍界定，則隱含著巷戰與大戰略之間存在著一種共通原理，可以作

---

[32] Richard S. Rudner, *Philosophy of Social Science*, p. 11, 23, 28,29,47.

[33] Edward N. Luttwak, *Strategy: The Logic of War and Peace*, pp. 209-210.

為各種不同層次均可適用的解釋原則。

在一個警匪巷戰的例子中，如果有一套完備的面對面的擒拿技術或準則，當警匪雙方一旦處於近距離格鬥的情況下，任一方必然將依循此種規則來設法制服對方。在此種情況下，此種擒拿戰術就成為獲致勝利的一項唯一原理。然而，情況可能並非如此單純。大多的情況是，警察須在豪無線索的條件下，設法尋獲盜匪的藏匿行蹤，並能即時抵達而設法予以逮捕。為達此目的，警方必須考量犯罪行為與心理、地緣關係、情報蒐集、研判等等問題，期能首先捕捉到對方。此時的擒拿術，則豪無指導的作用。但是，一旦抵達現場，在面對盜匪之時，仍然必須以擒拿術制服對方。若此，後者就是一種警匪格鬥的基本原理或技術，而前者就是一種關乎整體的犯罪心理學或偵緝理論。若兩者均具戰略的性質與意義，則應有一個共通的原理原則可供遵循。

回顧中古時期的戰爭形式，雙方是早已按照約定的時空位置擺好陣列，剩餘的只是雙方體力與戰技的格鬥，他們所依循的也就只有單純的規則與原理，至多也只有一些受到相當時空限制的狹隘因素可以運用，這就類似運用擒拿原理的警匪格鬥，當然在規模與形式上要比後者複雜。然而，拿破崙式的戰爭完全改變了此種傳統形式。拿破崙運用個人智慧的判斷，以及部隊的迅速移動，在敵人無法預期的時空點進行決戰以擊潰敵方兵

力，這就不僅僅是傳統戰爭形式的單純原理或理論所能應付，亦非畢羅與約米尼簡約化的野戰原理所可應對。

因此，是否可以說，克氏所反對與強調的，就是這種戰場格鬥與總體戰爭理論之間的差別。而在那個戰爭形式面臨轉型的時代，克氏尤須以矯枉過正的姿態強調此種整體關照理論的重要與絕對性。然而，克氏終究沒有建立一套拿破崙式的綜合性原理，自然也沒有提煉出一個共通的戰略原理原則。

如果說，我們相信克氏欲建構的整體性理論是真實的存在，亦即真有一種普遍性的理論，則其原理或理論就應該可以符合小戰鬥與整體戰爭，或者說局部戰場與全面戰爭均能適用的解釋觀點。形成這一組理論的概念詞，必然不僅屬於小戰鬥或整體戰爭任何一種單一的情況，而必須是一組均能適用的通用詞。如果此種類比解釋以及通用概念詞的存在可以被接受，那就說明了本文嘗試作出解釋的合理性。

綜合言之：《戰爭論》寫作的基本起點，就是站在拿破崙戰爭在理論價值上的肯定基礎之上。而其理論建構目標之達成，就在找尋一種能夠共同解釋約米尼幾何原則與克氏理論的「最小公約原理」的實現。

戰略研究與社會科學的磨合：

戰後西方戰略研究的發展

陳文政 (淡江大學國際事務與戰略研究所兼任助理教授)

　　戰略研究（Strategic Studies）是什麼？或將是什麼？或者更學究一點地說，戰略研究何以堪稱為知識（knowledge）並是值得在學校裡教授的學科（discipline）？戰略研究與其他學科的界線何在？戰略研究如何兼容並蓄（cosmopolitan）但還能保有可為區別之知識或學科的認同（identity）？這些是作者在本所博士班授課時常與學生研討的問題。[1]這些問題是有價值的：這些問題使一些已有相當研究經驗的博士班學生回頭檢視他們在自認的戰略研究這門知識裡過去考掘的歷程；更重要的，這些問題也質問著正準備跨出博士學位門檻的學生這般的知識考掘將帶向何處──而這除了學科前景外，或許也有個人的生涯規劃的考量。但是，這些都不是容易回答的問題；作者也懷疑，其中若干問題，或許根本不會有答案。不容易回答或甚至沒有答案的問

---

[1] 作者特別感謝淡江大學國際事務與戰略研究所博士生滕昕雲、張明睿、楊勝利、蔡秉松、舒孝煌、揭仲等人在課堂上的熱烈討論所給予作者的啟發。

題，往往比起容易回答的問題更有價值。

　　最能完整處理前述問題的方式，是從戰略研究的本質構成（being）開始，並探究戰略研究成為知識的確證（justification）基礎，最後談到戰略研究的研究與理論如何產出及驗證。也就是循著本體論（ontology）的立場確定後，再依序探究認識論（epistemology）與方法論（methodology）的議題。2這三者構成知識——當然也包括戰略研究——的瞭解與研究基礎，三者之間存有前後的依賴關係，先本體論，後認識論與方法論；本體論的混淆，無法藉由認識論的辯論獲得澄清。政治學者 Colin Hay 以政治科學（Political Science）為例替前述抽象的語句提供了一個簡明的介紹：政治科學可以拆成政治＋

2 簡單地說，本體論乃「關於事物存在的研究或科學」，在科學哲學領域中特指「對於某一研究途徑對於社會實體本質構成——包括對於實體如何存在、外觀如何、由哪些單元所組成以及這些單元間如何互動等等的主張與假定。」認識論乃「關於知識之方法與理由的科學或理論」，在科學哲學領域中「認識論是知識的理論，它代表什麼可以被稱作知識以及認定的標準等等的見解。」而方法論是「對研究如何進行的分析，包括了理論如何產生與驗證、使用的邏輯結構、前兩項的標準以及針對特定研究議題的理論架構應該為何等等議題。」至於方法，則是「研究者特定研究問題與假說所使用之收集與分析資料的技術。」見：Norman Blaikie, *Approaches to Social Enquiry* (Cambridge: Polity Press, 1993), pp. 6-7.

科學（political + science），「什麼是『政治』」(what is "political") 是本體論的問題；「如何達成『科學』」(how can it be "science") 是認識論的問題。[3]對照到戰略研究（ Strategic Studies ），本體論在處理「什麼是戰略」，也就是戰略研究到底在研究什麼；而認識論則在回答「如何研究」，也就是我們的研究如何能夠成為知識。在此先說一句：不像政治科學（或其分支的國際關係），先賢替戰略研究一詞下的是「研究」，而非「科學」，似乎預見了戰略研究成為「科學知識」(scientific knowledge) 的可欲性（ desirability ）與可能性（ feasibility ）的問題。

但是，本文的篇幅顯然不足以採用這種正面交鋒的處理方式。作者取巧地透過戰略研究知識體系（ knowledge system ）--包含其內在的理論體系（ theoretical system ）—的建構歷程，並特別針對它與國際關係及安全研究接觸後的一些磨合，從思索戰略研究未來作為一門知識乃至成為獨立學科的發展潛能（ potential ）與可能（ probability ），試圖來回答文章一開始所羅列的一長串問題。本文分為三節，第一節略述戰略研究的過去；第二節主要討論戰略研究在二次世界大戰後進行學科化與政治學、國際關係為主的社會科學各學科接觸後的磨合現象，以及這些現象對於戰略研究

---

[3] Colin Hay, *Political Analysis: A Critical Introduction* (Basingstoke: Palgrave, 2002), pp. 59-65.

知識體系所形成的當前危機；第三節，作者將提出並討論戰略研究在未來可能發展的三個模式。

戰略研究的過去：運用史學的一門知識

　　知識是社會性產物（social products），來自於是知識份子社群（intellectual community）社會性實踐（social practice）的結果。知識體系是由知識份子所建構而成的，它是「在特定時空與社會位置上，相關於知識之建構與方法之規範的假定之構成（configurations of assumptions about knowledge construction and methodological rules which are plausible in a given historical and social position）。」[4]同樣的，戰略研究作為知識，某些特定的理論陳述是否足堪成為戰略研究裡可被認同的內容，獲得該陳述的技術性途徑是否藉由戰略研究裡可被接受的方法，均視特定時空而定。在西方，「神的旨意」（God's will）一直到中世紀都還被認為是

---

[4] 在此知識體系構成下發展出理論體系，即「對某一特定問題所形成之科學性法則與系絡性假說的群組（a body of scientific laws and associated contextual hypotheses formulated around a particular problem）。」見：Mark J. Smith, *Social Science in Question* (London: SAGE Publication, 1998), pp. 345, 353.

決定戰場勝負的主要因素，問神卜卦也有可能獲得與所謂科學研究相同的預測結果。但在目前問神卜卦已不再是可被認同與接受的內容與方法。進一步講，今天許多研究者對於戰略研究某些特定的內容與方法——比如實證主義（positivism）——縱有自信，仍不能排除其典範（paradigm）地位在未來遭到推翻的可能。

　　而學科是知識的制度性定位，一項知識能在不同的學校或場域裡被教授往往代表著該項知識（或其擁戴的知識份子社群）的定位，儘管這種定位常以學術價值或發展水平為名進行衡量，但權力經常在知識成為學科的過程中具有不可忽視的力量。資料處理當然是門知識，但除技職學校外，一般大學大概都只成立資訊系，資訊而非資料處理才是足可設立系所教授的學科。對於戰略的研究，最早是王公貴族或國師策士的特權，之後成為軍事教育的一環，它進入民間大學成為被教授的學科並且以「戰略研究」為稱謂是二次世界大戰之後的事。這個歷程固然跟戰爭型態轉為總體戰爭有關，但對於國之大事之研究的普羅化，一定程度在也跟戰後各國國內社會權力的轉變有關，在許多國家（包括台灣）中，戰略研究成為民間大學的學科與該國的民主化程度有所關連；在一個極權的國家中，民間的戰略研究不被鼓勵，甚至會被壓制。

　　戰略研究源於史學，雖非嫡系所出，但仍具有深厚

的血緣關係。[5]先有歷史，才有戰史，在對戰爭的敘事
（narrative）中，開始研究交戰雙方所使用的戰略，是
為研究戰略（study of strategy）之始。在這個範圍內，
還是傳統史學領域的修史。羅馬時期 Sextus Julius
Frontinus（40-103 AD）的《謀略》（*Strategemata*）開
啟「福隆提納」學派，為西方戰略研究之始。與研究戰
略仍為修史不同，「福隆提納」學派則強調用史：將戰史
中的發現予以通則化（generalization），並明白以若干
「歷史的教訓」（lessons from history）或「戰爭原則」
（principles of war）等形式呈現，陳述理想的戰略（或
戰術）應當為何，並舉史例予以佐證。就「福隆提納」
學派而言，歷史是工具與素材，通則化出可資驗證的命
題才是目的，而向君王權貴獻策與教育高階將領是其實
用功能。如果科學知識是依照 Immanuel Kant 的所定義
之「其任務在依一定原則建立一個完整的知識系統」的
最起碼標準的話，[6]從 15 世紀的 Niccolo Machiavelli 到
19 世紀的 Carl von Clausewitz 與 Antoine Henri Jomini

---

5 本節以下五小段部份內容出自：陳文政，〈西方戰略研究的
歷史途徑：演進、範圍與方法〉，收錄於《元智大學第三屆國
防通識教育研討會論文集》（2009 年 5 月），頁 78-110。
6 Immanuel Kant, *Critique of Pure Reason*, translated by
Marcus Weigelt (London: Penguin Books, 1781, reprinted in
2007), p. 37.

這段期間可說是西方戰略研究的知識系統建立與理論化工程的高原期，18 世紀的 Maurice de Saxe 曾說「戰爭是一項科學……，而所有的科學都有原則與規律，」[7]而這意謂著：中世紀以宗教虔誠——而非將領智謀或兵力質量——是戰爭勝負關鍵之玄學論述的全面退位，「福隆提納」學派所建立的知識體系取而代之成為戰略研究的正統典範，而在此期間中民族國家與常備正規軍興起，頻仍的戰爭提供了戰略研究的動機，而國家的軍事教育機構提供了戰略研究的制度性支持。

「福隆提納」學派的知識體系是建構在用史之上，在於對歷史的「客觀」解讀上，以形成具未來取向的戰略，這構成傳統戰略研究的認識論上的基礎。在這方面，Clausewitz 以「批判性分析」(critical analysis) 的概念來呈現他的認識論觀點。[8]「批判性分析」以現代語言來講，即是從嚴謹的歷史研究找出與衡量事實，追縱其成因所帶來的效果，並調查評估所有可能的手段。最後以

---

[7] Maurice de Saxe, *My Reveries Upon the Art of War*, translated by Thomas R. Phillips, in Phillips ed., *Roots of Strategy: Book 1, The 5 Greatest Military Classics of All Time* (Harrisburg: Stackpole Books, 1985), p. 189.

[8] Carl von Clausewitz, *On War*, translated and edited by Michael Howard and Peter Paret (Princeton: Princeton University Press, 1976, reprinted 1984), Book II, chapter 5.

前述這些假說培養歷史解讀的判斷力，並觀察這些假說在真實世界裡的成效。[9]簡言之，「批判性分析」就是對歷史解讀的謹慎態度。Clausewitz 認為：歷史不僅提供事實，也是發展與驗證命題的實驗場，從歷史研究之後所得出一些可被驗證的命題，這些命題將會有助於對於歷史的評價與瞭解。對克勞塞維茲而言，「理論......是連續而交互的活動，歷史知識塑造了理論，而理論又闡明歷史的判斷。」[10]

「實徵主義」(empiricism) 認為知識建立在人類的經驗上，而實證主義則認為科學的方法是追求真理的唯一途徑。[11]Clausewitz 則持務實的角度提出他認識論上實徵主義與實證主義的要素：「在戰爭藝術中，經驗勝過任何抽象的事實」，[12]經驗是 Clausewitz 的論述基礎，但他認識到經驗的有限性，真實一直在變化中，而且也

---

[9] Autulio J. H. Echevarria, *Clausewitz and Contemporary War* (Oxford: Oxford University Press, 2007), p. 47; Hugh Smith, *On Clausewitz: A Study of Military and Political Ideas* (Basingstoke: Palgrave, 2005), pp. 178-180.

[10] Michael Howard, *Clausewitz* (Oxford: Oxford University Press, 1983), p. 31.

[11] Roger Trigg, *Understanding Social Science: A Philosophical Introduction to the Social Sciences* (Oxford: Blackwell, 1985, reprinted 1997), p. 3.

[12] Clausewitz, *On War*, p. 164.

難以衡量與預測，所以沒有理論能夠完全地反應真實，更不要說能夠解釋真實。Clausewitz 對他的理論的實證主義色彩也同樣充滿自信，認為它的「科學特質植基於對戰爭現象的本質的研究努力，以建立這些現象與與它們組成份子特質之間的關連。」[13]克勞塞維茲強調實證主義，但不迷信於實證主義。他認為：理論要能通過真實的檢驗；但是，

> 「包括戰略理論在內的實證科學，無法完全以歷史來支持其結論。戰爭所含括的事情如此之廣，使得〔前述實證的論理〕並不可行，而且我們也不可能知道真實經驗的所有細節。在戰爭中，當發現到有若干方法十分有效時，它會被仿效，並成為流行。因此，在經驗的支撐下，它被普遍性的使用，而成為理論的一部。理論的內容就是普遍的經驗，是用來指出方法的起源，並非去加以證明。」[14]

　　Clausewitz 對簡要而高度抽象的理論法則抱持著懷疑的態度，但他認為基於教育軍官的目的，是有必要建

---

[13] Clausewitz, *On War*, p. 61.

[14] Clausewitz, *On War*, p. 171..

立一套理論。[15]他認為理論的功能在於：為發展與驗證戰略理論，檢驗其科學基礎，找出何者為理論在解釋真實世界時在邏輯上所需要；以及說明理論如何在實務中發揮作用——這並不是說理論能直接提供指揮官可遵循的法則，而是間接地教育指揮官的心智並協助他的判斷。[16]因此，對於 Clausewitz 而言，理論的本質在於分析，非而預測；其功能在於教育，甚過於指導與訓誡。而好的理論就是最行得通的理論。[17]

除了 Clausewitz 的「批判性分析」所呈現的認識論基礎明顯地與史學有相當的關連外，整個戰略研究的學風一直到二次大戰後都還是處在這種濃郁的史學風格裡。戰略研究的研究者通常先是個優秀歷史家（或至少是飽讀史書），之後才是戰略研究家，19 世紀的 Clausewitz 與 Jomini 如此，20 世紀的 Basil H. Liddell-Hart 與 J. F. C. Fuller 亦復如此。歷史家與戰略研究者間的細微差異在於看待一特定的歷史事件時，戰略研究者「可以甚至必須採取批判的角度，他要能並也應該指出指揮官的行動哪裡出錯，哪裡該做而未做的；」但是對於正派的歷史學者，「這樣的舉動是不恰當的，他

---

[15] Howard, *Clausewitz*, pp. 23-24.

[16] Smith, *On Clausewitz*, p. 175.

[17] Smith, *On Clausewitz*, pp. 180-182.

只要解釋事情如何發生便為已足。」[18]戰略研究主在對
戰略進行理論化的研究，因為「福隆提納」學派的戰略
研究者相信：

> 「於所有時代，在所有的地緣位置，
> 使用任何一種科技、戰爭與戰略具有
> 一些共通的要素。即使因為不同的政
> 治、科技與戰術系絡而產生各種不同
> 的戰爭型態，但戰爭還是戰爭。……
> 因為戰爭與戰略的主要本質與功能並
> 未改變，故所有的歷史期間裡所發生
> 的戰略經驗存在個本質上的一致性
> （essential unity）。」[19]

這個「本質上的一致性」──無論它的名字是「戰爭
原理」、「戰略理論」還是「戰略邏輯」──是戰略研究的
重要起點。也唯有建立起「本質上的一致性」所需的成
因－結果、方法－目的的關係，「福隆提納」學派的目的

---

[18] Felix Gilbert, "From Clausewitz to Delbruck and Hintze: Achievements and Failures of Military History," in Amos Perlmutter and John Gooch edited, *Strategy and the Social Sciences: Issues in Defense Policy* (London: Frank Cass, 1981, reprinted 2004), p. 13.

[19] Colin S. Gray, *Modern Strategy* (Oxford: Oxford University Press, 1999), p. 1.

一從歷史中發現戰略一才有達成的可能。也因此「研究戰略」與「戰略研究」的區隔顯現出來了：前者強調對特定 Strategy 的歷史研究，描述「在歷史裡的戰略」；後者則在對什麼能被稱為 Strategic 尋求一致解釋，並進而找出「從歷史而出的戰略」。前者是史學的，後者則已跳脫史學的傳統界線，也就是說「歷史傾向尋找事物的獨特性，而戰略理論家則在於發掘行為的模式。」[20]自此之後，研究「什麼是戰略」一也就是「戰略」研究的「戰略」（strategic）一構成戰略研究通論的主軸，也成為各種戰略研究個論的基礎。

二次世界大戰後，當戰略研究從軍機樞密解放進入大學成為學科後，多併編入政治（或國際關係）系所之下，戰略研究的研究者曾滿心以為藉由跨學科（interdisciplinary）的研究可以鼓勵具有理論意識的歷史家（theoretically minded historian）與具有歷史意識的政治科學家（historically minded political scientist）的加入，而使得戰略研究更為成長。[21]由戰略研究的史學背景而言，這樣的期待固然是合理的，但從戰後戰略研究與政治學、國際關係或其他社會科學的磨合過程來

---

[20] Colin S. Gray, *Strategy and History: Essays on Theory and Practice* (London: Routledge, 2006), p. 54.

[21] Thomas G. Mahnken, "The Future of Strategic Studies," *Journal of Strategic Studies*, Vol. 26, No. 1 (2003), p. x.

看，這樣的期待則似乎過於樂觀。

戰略研究的現況：科學化的挑戰與學科化的困境

戰略研究與史學具有血緣關係，但戰略研究在二戰後的學科化，它離開了熟悉的史學研究領域，嫁進了社會科學（通常是政治學與國際關係）的大門。但戰略研究從知識成為學科的這段婚嫁關係是段艱辛的磨合過程，戰略研究的研究者很快地發現它們傳統的知識體系構成遭遇到強大的挑戰，制度性上的安排也不利於戰略研究在大學校園裡的發展。這兩項，作者稱之為「科學化的挑戰」與「學科化的困境」，以下分述之。

在「科學化的挑戰」上，儘管戰略研究是歷史學旁系所出，但史學風格是戰略研究的傳統，也被認為是項資產。但史學與社會科學的既有緊張關係，使得戰略研究處在親家與娘家間左右為難。

最最基本的歧異點，社會科學大多追求嚴謹的因果關係，藉操控變數與分析層次（level of analysis），在孤立的環境下觀察因果關係的強弱。理論的美感在「簡潔度」（parsimony），亦即以最少的獨立變項（independent variable）解釋最多的依賴變項

（dependent variable）。[22]但「史學家並不把獨立變項與依賴變項分開來看，當我們長期地追溯他們之間的相互關連性，變數是相互依賴的。」[23]歷史學者認為社會科學多少都帶有「分析上簡化論」（analytical reductionism）的色彩

> 「簡化論就是要瞭解現實，就是把它
> 拆成各個部份來加以瞭解。用數學的
> 角度，我們會試圖找出在算式中可以
> 決定其他變數值的那個變數，或者更
> 廣義地講，那個一旦移走之後整個因
> 果鏈的結果就會改變的元素，在簡化
> 論中，成因是可以有強弱的分類。……
> 因此，簡化論意涵，確有獨立變數的
> 存在，而且我們知道它在哪。」[24]

但史學家多採跨分析層次的研究途徑，力求多重面向，並追求「複雜性」（complexity）。史學家注意到多重的成因、時間的因素與文化或個體的多元性，因此，歷史性的解釋便因之大為擴張，使得預測變得非常困

---

[22] John Lewis Gaddis, *The Landscape of History: How Historians Map the Past* (Oxford: Oxford University Press, 2002, reprinted 2004), p. 57.

[23] Gaddis, *The Landscape of History*, p. 53.

[24] Gaddis, *The Landscape of History*, pp. 54-55.

難。這並不是說，史學家不作解釋，不進行通則化；而是史學家在這些工作上與社會科學家有著本質上的不同，

> 「說歷史家拒絕運用理論是不對的，理論最終就是通則化，不通則化，歷史家將不知所云。……〔歷史家〕是會作通則化的，而且是『在敘事之間嵌入我們的通則化』（embed our generalizations within our narratives），為了顯示過去的歷程如何產出現在的結構，我們會找各種不同的理論，來幫助我們達成這個任務。……，解釋為先，通則化次之。我們對存在於獨特事件中的普遍性（what is general in the unique）感到興趣，我們基於特殊目的而進行通則化，我們作的是『特殊性的通則化』（particular generalization）。社會科學家正好相反，是傾向『在通則化時嵌入敘事』（embed narratives within generalizations），他們主要的目的是確認或反駁某項假說，而敘事乃從屬於此一目的。……如果特殊事件與理

論所預測的相合，那可以幫助增加理論解釋力與應用性的信心度，因此，理論先，而解釋是用來證實理論。社會科學家為了一般性的通則目的而進行特殊化（particularize for general purpose），也就是『通則性的特殊化』（general particularization）。」[25]

簡言之，社會科學家——即使是戰略研究者所期待「具歷史意識」的——為了「研究的目的，也會將純粹的歷史事件予以轉化成分析解釋所需的因果事件（causal sequence into an analytical explanation），以符合研究設計上所辨識出的理論上變數」，而歷史學家反對這種轉換，他們認為此種轉換將會使得歷史事件的許多重要特質或「獨特性」喪失。[26]而這還是「具歷史意識」的，另外像博奕理論（game theory）這類不關心歷史的（ahistorical，或甚至反歷史的 anti-historical）的研究途徑，在社會科學內更是所在多有。這也就是說，以史學傳統為尚的戰略研究，在進入社會科學後，適應不良當然難以避免。近年來，雖然有些國際關係學者試圖要

---

[25] Gaddis, *The Landscape of History*, pp. 62-63.

[26] Alexander L. George and Andrew Bennett, *Case Studies and Theory Development in the Social Sciences* (Cambridge: MIT Press, 2004), p. 225.

調和與史學之間的緊張關係，但史學與社會科學間的鴻溝既深且廣，非短期內所能弭平。許多「具理論意識的歷史家」──如 Williamson Murray 與 Allan Millet 等在戰略研究有顯著貢獻的學者──仍然是以歷史學系為基地。

　　傳統上戰略研究的研究內容與軍事衝突或軍事武力的運用有關，但二次大戰後學科化後，以英美等國為主的西方戰略研究在研究內容上起了很大的變化，雖然冷戰仍提供戰略研究存在與發展的必要性，但是，核子武器的發明與擴散，改變了戰略研究的本質，也顛覆了戰略研究傳統的實徵主義基礎。雖然有兩次原子彈實際運用的經驗，但冷戰期間熱核武器的質量與數量都大大超越廣島與長崎的經驗，因此，至少在核子戰略上，該類的知識並非基於既有的經驗，除了進一步加深前述對戰略研究史學途徑的忽視之外，也對於傳統軍事專業產生輕蔑。在一個軍文關係未有高度發展的社會裡，即便有戰略論述的存在，軍人視文人的論述為干預，文人視軍人的論述為天真。

　　一些戰略研究的研究者相信，傳統以追求勝利──無論是有限或絕對的──為軍事武力運用之價值，在熱核時代仍有意義；但是，更多的非傳統派學者主要關切的是在美蘇兩核子強權的緊張對抗中，如何避免熱核大戰（major war），這才「應該」是戰略研究的主要價值。甚至於以道德的立場非議傳統論點「核戰可以打，也要

打得贏」的主張。

　　戰略研究固然以務實為上，Clausewitz 也認為好的理論就是最行得通的理論。戰略研究的務實主張以 Bernard Brodie 最有名的務實論為代表，他主張：不管是戰略思維或戰略理論

> 「惟務實（pragmatic）無他，戰略是『如何去作』（how to do it）的研究，是如何有效率達成某些事的指導。如同其他政治學的領域，戰略關切的問題在於：『這個想法可行嗎？』（Will the idea work?）更重要的是，這些想法是不是還能在下次被驗證時的特殊環境下依然可行？儘管在教則中講說要把不確定性考量進去，但在真正驗證前，這些環境常常是未知與不可知的。要之，戰略理論就是行動的理論（theory for action）……戰略，是在追求可行方案中獲得真理的學術領域（strategy is a field where truth is sought in the pursuit of viable solutions）。」[27]

但是，Brodie 這種務實有點近乎功利，要讓學界人士認同，「可行方案即為真理」，是有相當難度。更何況，以結果來定理論的價值，極可能發生如同 Richard K. Betts 所講的情況，有時成功並非來自於完美的戰略，而是優勢的力量，因此，成功不能證明戰略是完美的。[28]

　　本來在民間大學裡面放進與軍事相關的戰略研究，就有「對大學自由與人道價值構成基本挑戰」之虞，戰略研究雖自稱價值中立，但誠如 Bradley S. Klein 所說

　　　　「戰略研究在提供一項二分法的藍
　　　　圖：一方面，西方社會聚集在『善良』
　　　　（good）的一邊，而我們公認的敵人
　　　　－－不管這種假設的『他者性』
　　　　（Otherness）是以何者型態出現，比
　　　　如蘇聯、共產主義、叛軍、恐怖主義、
　　　　東方、卡斯楚、格達費、諾瑞加、哈
　　　　珊──也同時具有辯證上相反的特質。
　　　　戰略性暴力（strategic violence）則用
　　　　來調解我們與他們之間的關係、保護
　　　　邊界、監視敵人並懲罰它的侵略。」[29]

---

[28] Richard K. Betts, "Is Strategy an Illuison," *International Security*, Vol. 25, No. 2 (2000), p. 16.

[29] Bradley S. Klein, *Strategic Studies and World Order: The Global Politics of Deterrence* (Cambridge: Cambridge

而且，在學科化之後，戰略研究者向王公貴族獻策的傳統角色，本質上並沒有太大的變化，或在政府機構內，或在公私智庫，或是個人說客。部分戰略研究者不僅與政策部門維持良好關係，獲得政府研究補助，更有跳脫研究者的角色，為特定政策妝點門面，更是引來學界批判。[30]

　　大學不單單是教職員的工作組織，它也是現代知識產生與評價的機制，工作上具有專業（profession）與技藝（craft）的特質，但是它的特殊之處在於藉由追求科學上的聲望達成集體的目標。[31]大學之外的其他機構（如智庫）在戰略研究的發展，有時能夠比起大學獲得更高的政策影響力，甚至於是學術聲譽。但是，大學對於戰略研究的發展而言，仍然提供最大的制度性支持，因為大學通常具有較高的評價知識之正當性，而且可透過常態性的教育獲得培養更多後進同僚的優勢。知識份

University Press, 1994), p. 6.

[30] John Baylis, James Wirtz, Eliot Cohen, and Colin S. Gray, *Strategy in the Contemporary World: An Introduction to Strategic Studies* (Oxford: Oxford University Press, 2002), pp. 8-9.

[31] Richard Whitley, *The Intellectual and Social Organization of the Sciences* (Oxford: Oxford University Press, 1984, reprinted 2000), p. 25.

子的權力，就如社會學家 Zygmunt Bauman 的筆下，是

> 「教養良好、經驗豐富氣質高貴、趣
> 味優雅的菁英人物，擁有提供具約束
> 力的審美判斷，區分價值與非價值或
> 非藝術的判斷權力，他們的權力往往
> 在當他們的評判或實踐的權威遭到挑
> 戰從而引發論戰的時候體現出來。有
> 教養的權威（並且，儘管是間接的，
> 然而卻是最重要的是，賦予了權威性
> 的教育能力）。」[32]

除了少數例外，大部分民間大學的戰略研究都沒有成立單獨的系所，而是放在政治或國際關係系所；即便有，也多在招生人數較少的研究所，也經常需要與安全研究或其他類型的「戰略」研究共享資源，談到這邊，學科邊界的議題及其所意涵的權力關係就浮上了檯面。

戰略研究的未來：學科邊界的三種模式

戰略研究學科化後最深刻的變化在於民間大學的戰

---

[32] Zygmunt Bauman, *Legislators and Interpreters: On Modernity, Post-Modernity, and Intellectuals* 洪濤譯，《立法者與闡釋者：論現代性、後現代性與知識份子》(上海：上海人民出版社，2000)，頁 179-180。

略研究者開始跳脫以軍事武力為主要研究議題,出現「經濟『戰略』」、「文化『戰略』」、「政治『戰略』」或「外交『戰略』」等新興研究主題,為區分計,戰略研究則常被更名為「軍事『戰略』」的研究,更有人總括將以上諸項研究(甚至進一步擴充議題)而總稱為「安全研究」(Security Studies)或「國際安全研究」(International Security Studies),Richard K. Betts 便認為戰略研究(或是軍事戰略研究)是較為宏觀與全面的「安全研究」的一環,謂:後者是前者的擴張與延伸,前者是後者次領域。而戰略研究之下,更次者則為軍事科學(Military Science)。[33] 三者為同心圓分佈(如下圖中模式 A 所示),既具理論上分析層次(level of analysis)的區別,也由所指涉關照面的寬狹,政治性地界定了安全研究與戰略研究在學術價值與發展水平的高低。而且如附表所示,從三本安全研究、國際關係與戰略研究的教科書內容觀察,安全研究與國際關係在理論的結合度(即理論

---

[33] Richard K. Betts, "Should Strategic Studies Survive?" World Politics, Vol. 50, No. 1 (1997), p. 9.同樣的意見亦有: Baylis, Wirtz, Cohen, and Gray, *Strategy in the Contemporary World*, p. 12; Barry Buzan and Lene Hansen, *The Evolution of International Security Studies* (Cambridge: Cambridge University Press, 2009), p. 1-3; Mahnken, "The Future of Strategic Studies," p. x.

體系上的相似度）要遠較戰略研究與國際關係間的結合度高上許多。

　　最起碼，這個問題突出戰略研究與安全研究（或國際關係）的學科界線問題。瞭解這個問題，可從前述各種不同的形容詞所接的各個「戰略」名詞意涵是否相同為討論起點：如果相同（或極為相似），那彼此間只存在研究標的的不同，而無本體論（ontology）立場上的差異，彼此間應具有極為相容的認識論（epistemology）乃至方法論（methodology），甚至可能在共通的理論體系下獲得解釋（explanation）或瞭解（understanding）。如果相同，以外交戰略與軍事戰略研究為例，兩者分野，不過是一個以外交為研究標的，而另一個以軍事。那戰略研究理論家所追求的戰略經驗超越時空與科技的「本質上一致性」（essential unity）是同時存在於兩者的研究中。對照起來，兩者間的差異不會超過美國研究與日本研究。果如此，外交戰略與軍事戰略兩者間就沒有關照面寬狹的問題，在學術價值與發展水平上也具有可觀的共通基礎，而安全研究不過是不同研究標的的戰略研究議題之集合體（如下圖中模式 B 所示）

　　但如果外交「戰略」與軍事「戰略」在「戰略」一詞上是存有顯著不同呢？「戰爭與和平的議題是如此的

237

重要以致不能只留給戰略研究的研究者。」[34]戰爭的研
究不是戰略研究研究者的專利，對於同一現象可有存有
不同的觀察角度，每個角度都可能有一套知識或理論體
系的依據，「自殺」可以是社會學、社會工作學、心理學
等領域的重要研究議題，對於戰爭與和平或軍事力量的
使用，當然存在有別於戰略研究的其他研究角度。進一
步講，不同，有可能不單單是觀察角度的不同而已，而
有可能是本體論上本質構成的不同。同樣的「戰略」
（strategy）一詞出現在不同的應用領域裡，也被不同
地理解著：在企管學科有「策略管理」（strategic
management），選舉有「選戰戰略」（campaign
strategy），甚至於在戰略研究裡，「戰略武器」（strategic
weapon）的「戰略」也有它獨特的指涉對象。這幾個「戰
略」（或「策略」，不管是以形容詞或名詞出現）當然與
多數戰略研究者所慣用的「戰略」意涵有程度互異的差
別。如果軍事戰略與外交戰略兩者間的「戰略」的不同
是接近前面幾個例子時，我們有理由相信兩者的「戰略」
極有可能不是觀察上的同一角度，甚至不是同一件事，
在極端的情況下，外交戰略與軍事戰略的研究將是互不
共通（或共通性甚低）的不同領域，它們彼此有各自的

---

[34] Bradley S. Klein, *Strategic Studies and World Order: The
Global Politics of Deterrence* (Cambridge: Cambridge
University Press, 1994), p. 3.

本體立場，構成不同的知識或理論體系，無關照面、學術價值或發展水平的比較基礎，在這種情況下企圖概括總稱兩者的安全研究也失去意義（如下圖中模式　C　所示）。

模式A

安全研究

戰略研究

軍事科學

模式B

軍事戰略研究　　　　外交戰略研究

政治戰略研究　　　經濟戰略研究

模式C

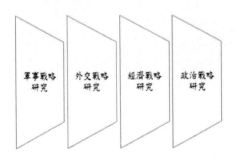

軍事戰略　　外交戰略　　經濟戰略　　政治戰略
研究　　　　研究　　　　研究　　　　研究

每一個模式下，戰略研究將有不同的未來。在模式A下，由於安全研究議題的預期將會更為多元，與國際關係的理論連結度高，相對於分析層次較低、關照面較狹的戰略研究可能形成上位支配優勢，換言之，這是資訊對於資料處理的上位關係，而前者在大學裡學科化的過程中通常較具優勢。而戰略研究則一方面受到安全研究的向內擠縮，與下層的軍事科學之間的區別也可能被模糊，最後合而為一。在模式B下，戰略研究的議題無論是軍事性還是非軍事性，軍事戰略、外交戰略、經濟戰略等等彼此之間只存在應用上的差別，它們具有共同的假定、互通的內容與相近的研究方法。在此模式之下，固然區別了狹義的戰略研究（即軍事戰略研究）與其他非軍事性戰略研究的異同，但也間接將安全研究視同廣義的戰略研究，兩者混同也可能使得與國際關係的理論連結度較高的安全研究，直接取代戰略研究，關係就如同美洲研究（安全研究）之於美國研究（軍事戰略研究）與拉丁美洲研究（外交戰略研究）等等。在模式C下，則近似「雞兔同籠」，儘管可能同樣研究戰爭與和平，但觀察角度乃至本體論立場的不同，使得戰略研究成為獨立的知識體系，它與國際關係及安全研究截然不同的物種，即令擺在一個籠子（系所），雞依舊是雞，兔依舊是

兔。至於經濟、文化、政治、外交等「戰略」研究，只有在它們也具有與狹義（軍事）戰略研究具有「本質上一致性」（比如：蛋用型白來航雞、新漢夏雞，肉用型的白洛克雞、白科尼什雞等），才構成相同的知識與理論體系（即相同物種：雞），也在此身份認同下，與安全研究與國際關係（其他物種：兔）相區別。戰略研究成為獨立學科，固然可讓在這場婚姻關係中似乎感到挫折的戰略研究者激昂不已，但與現有的制度上的學科安排（政治或國際關係系所）離異，步向單身，亦有其風險。

結論

　　未來經常不是當下的直線延伸。戰略研究是強調行為者（無論是國家、軍隊還是個人）「能動性」（agency）的研究，以戰略的角度觀之，未來只是個隱喻（metaphor），它與當下的關係是交互的（reciprocal），也就是相互影響。作者同意若干後現代主義的論點，謂「未來性」（futureness）一語顯露出當下本身的無法確定性。我們現在所講的「當下」本身包含著開放性的「未完成式」，也就是說當下尚未完成，而還在成形中（the "present" contains an

open "not yet," implying that the
present is never complete, that
it is always being formed). 35

也就是說，戰略研究的現狀至多只能指出若干戰略研究
未來的潛能或可能，無法決定戰略研究的未來，更何況
戰略研究的現狀還是個不斷變化成形中的進行式。但這
並不是說，戰略研究的未來風貌是全然隨機變化
（random）的。作為戰略研究的研究者，我們現在研究
的課題與深入的程度都將成為戰略研究未來的一部份。
我們無法自滿地說戰略研究的現狀實為如何，更難以自
信地說戰略研究的未來又應當如何，因為戰略研究的未
來存在於我們現在尚未有所定論的努力中。戰略研究與
社會科學的磨合，可以說是一段不完美的婚姻，但是值
得思考的是：也很少有婚姻是完美的，不完美性的容忍
度如何，也視戰略研究者個人而定，特別是他們的能力
與志氣的問題。

附表：從教科書章節安排比較國際關係、安全研究與戰
略研究

---

35 Howard Sherman and Ton Schultz, *Open
Boundaries: Creating Business Innovation through
Complexity* (Reading: Perseus Books, 1998), p. 209.

國際關係	安全研究	戰略研究
Cynthia Weber 所著《國際關係理論：批判性導論》	Alan Collins 所編《當代安全研究》	John Baylis 等人所編《當代世界的戰略：戰略研究導論》
章節內容		
1.導論：國際關係理論中文化、意識型態與迷思的作用 2.現實主義：國際無政府狀態是戰爭的導因？ 3.理想主義：國際社會存在嗎？ 4.建構主義：無政府狀態是國家們所所創造的嗎？ 5.性別：性別是變數嗎？6.全球化：我們處於歷史的終結了嗎？ 7.結論：這些理論的意義在哪裡？	1.導論：什麼是安全研究 （安全的途徑） 2.現實主義 3.自由主義 4.社會建構主義 5.和平研究 6.批判性安全研究 7.性別與安全 8.人類安全 9.安全化 10.歷史物質主義 （安全的深化與廣化） 11.軍事安全 12.體制安全 13.社會性安全 14.環境安全	（戰略的長期議題） 1.戰略理論與戰爭歷史 2.法律 政治與武力使用 3.戰爭的起因與和平的條件 （聯合作戰的演進） 4.地面戰爭型態：理論與實務 5.海權：理論與實務 6.空權：理論與實務 （二十世紀的理論） 7.後冷戰世界的

244

	15.經濟安全	嚇阻
	16.全球化、發展與安全（傳統與非傳統安全）	8.武器管制與裁軍
	17.強制性外交	9.恐怖主義與非正規作戰（大戰略的當代議題）
	18.情報在國家安全的角色	10.科技與戰爭型態
	19.大規模殺傷性武器	11.大規模殺傷性武器
	20.恐怖主義	
	21.人道干預	12.人道干預與和平行動
	22.能源安全	13.安全與戰略的新議題？
	23.軍火交易	
	24.健康與安全	14.結論：戰略研究的未來
	25.跨國性犯罪	
	26.兒童士兵	
	27.回歸理論：安全研究的過去、現在與未來	

Source: John Baylis, James Wirtz, Eliot Cohen, and Colin S. Gray edited, *Strategy in the Contemporary World: An Introduction to Strategic Studies* (Oxford: Oxford University Press, 2002); Alan Collins edited, *Contemporary Security Studies* (Oxford: Oxford

University Press, 2007, reprinted 2010); Cynthia Weber, *International Relations Theory: A Critical Introduction* (London: Routledge, 2001).如另有篇名，以（ ）表示。

檢視中國人民解放軍研究領域

兼論淡江學派：

廿年經驗的回顧*

黃介正(淡江大學國際事務與戰略研究所助理教授)
2010 第六屆鈕先鍾老師紀念研討會

今天很高興，把個人二十多年來研究中國人民解放軍的國際與國內經驗，以一個專題的方式來向各位學界的朋友請教，並做一個分析報告。

我記得在二十多年欠當我要開始研究解放軍的問題的時候，我在美國博士班的外國朋友都在嘲笑我說：

---

* 本文屬 Talking Paper 性質，係作者以演講形式，析論並歸納廿年來，親身觀察中外解放軍研究之心得；並以淡江戰略所第一屆所友之身分，期勉與會人士。雖然本文並非以學術論文格式呈現，但咸信關於解放軍研究領域的發展與現況(state of the field)，絕對可以提供重要參考。
作者感謝研究生林穎祐、林秉宥，協助本研究所作國內相關論文之調查統計。

人民解放軍有兩個別號一個叫做 junky yard army，也就是廢棄場裏的軍隊；另一個叫做 the world largest military museum，也就是世界上最大的軍事博物館。因為當時的中國人解放軍使用的裝備都是非常老舊，而且因為文化大革命的關係，是強調政治掛帥而忽視了部隊的訓練。所以在一般人的心目中人民解放軍是一支不會打仗的軍隊，也是沒有必要研究的課題。

當時雖然在那樣子的情況之下，我還是因自己的個人興趣，而走上了人民解放軍研究的這一條道路。驗證過去二十多年來的經驗，我始終認為這條路並沒有走錯，而人民解放軍的研究，從今天來看，更是一個極為重要的課題。不僅僅是針對台灣，對世界各國都是一個非常重要的題目。所以今天有這個機會綜合我個人多年的經驗與觀點來跟大家分享,感到是一個非常好的機會。

解放軍研究的緣起

其實對於一個國家軍隊或是軍事課題的研究,基本上它就是一個以任務為導向的研究。綜觀過去二十多年來人民解放軍研究，基本上它是有兩個主要的動力：

第一個就是任務。因為國家需求，我們要了解人民

解放軍；因為有政府交辦的任務、有政策的指導、有上級的命令，所以我們去從事人民解放軍的研究，這是屬於任務型導向的解放軍研究。

另外一個部份可以說是興趣。在沒有國家政策的指導，也沒有業務需要，而是一個人的興趣，針對人民解放軍來做自己專業上面有興趣的研究。倘若從任務與興趣兩個方面來看，我們過去人民解放軍的研究，大概仍然是以任務居多，而興趣的就比較零散。而就任務導向來講，研究又可分為兩個區塊：

1. 第一個是系統性的研究：所謂系統性的研究，就是在國家政策的指導之下，針對人民解放軍所有的面向，經過系統性的規劃，分時間、分區塊、分軍種、分項目，來做一塊一塊的堆積，使得整個解放軍的研究，變成有理念、有思維、有系統的研究。這一類型有系統的研究，在過去來講，我們在外界的學者瞭解的並不是很詳細，因為這個基本上，都是屬於各國政府內部一個比較機密性的業務。
2. 第二個是屬於隨機性的研究：另外一種雖然是政府任務導向的研究，但是屬於隨機性的，也就是說以議題或時事為導向的隨機性研究。換句話說，就是當時有特別的事件，或是因為情報，或者是因為其發展讓我們感覺到當時一個特殊的課題，必須要進

行的研究。隨機性的研究，就如同興趣一樣，他基本上就比較零散，不一定能經過長期性研究的積累，去串聯出一個有系統的人民解放軍研究。

所以從以上的分析來講，我門目前解放軍研究在系統性上面比較缺乏。不論是政府單位的任務型導向，或者是非政府單位的個人興趣的研究導向，基本上我門可能對於人民解放軍很大的一個部份，都還沒有辦法充分的掌握。

解放軍研究的範疇

我記得在多年前的國際解放軍研討會裡面，有大概三、四十位來自各國長期研究解放軍的朋友聚會當中，曾經提到：我們解放軍研究，既不屬於一個固定的學門，也沒有一個全國性或全球性的研究學會，讓我們感覺到從事中國人民解放軍研究好像是在一個被遺棄的學門(discipline)中的被遺棄的領域(field)。從另外一個角度來講，研究人民解放軍並不像研究政治學、社會學、經濟學、企業管理、或者是電機工程，他沒有一個非常明顯的學派，使得長期研究解放軍的同仁、朋友，都感到相當的挫折。所以如果我們從解放軍研究的過去發展來

看，有幾個特性：

1. 第一個人民解放軍研究社群並不是像俱樂部一樣，他並沒有會員制，也沒有名冊，更沒有繳交會費，所以我們很難充分的去掌握從事研究人民解放軍的社群，到底有多大，當中有多少人。從這個角度來看，我們人民解放軍研究，還有很長一段路要走。

2. 第二個就是我們要來看人民解放軍的研究有沒有他的界線範疇，也就是說在什麼樣固定的範圍之內，能把他認定是解放軍研究。到目前為止，這個領域也有相當的困難。如果從學門的範疇來講，人民解放軍的研究它結合了很多其他學門中間的部分共同組合而成。從政治學的角度來講，政治學裡面的包刮比較政治、政治思想、政治文化、軍隊和政府、軍隊和人民的關係，都屬於政治學的範疇。第二個是如果我們從國際關係學門來看，人民解放軍的研究當然會牽涉到國際關係，因為中國人民解放軍從成立以來，尤其是在 1949 年以後，幾乎跟所有周邊的鄰居和大國，都發生過武裝的衝突。也就是說，解放軍他在用兵、軍事外交的兩個子範疇中，都深深的牽動了國際關係。

3. 第三個我們可以說解放軍研究跟歷史研究也有關係。因為任何我們研究軍事和戰爭的人都了解，戰

史的研究是非常的重要。在多年前美國曾經出版過一本是檢討從 1949 年到 1999 年，五十年來中國所有對外用兵的一個探討，那麼這種研究就是屬於歷史性的研究。

4. 第四個屬於戰略研究。中國人民解放軍繼承了有過去長時間，幾個世紀以來中華文化的薰陶，以及中國傳統的兵學思想的影響，再加上綜合了西方的戰略的相關學理以及原則，所以在解放軍實際的組織和運作，甚至用兵上面來講，戰略研究也是一個很重要的區塊。

5. 第五個就是屬於安全性的研究。研究安全事務或是安全戰略，也都跟解放軍有關，雖然此亦與國際關係跟戰略研究都息息相扣，但是針對安全政策研究本身來講，解放軍當然也牽涉到國家安全政策與國際安全的議題，所以單就安全政策的議題也是一個很重要的部份。

　　探討了這些之後，我們會去思考：到底中國人民解放軍研究本身來講，經過了超過二十年，甚至我們要把比較零散的一些出版品，還有我們的前輩學者加總起來的話，我們也有超過五十年的解放軍研究。在這個超過半世紀的人民解放軍研究的眾多努力之下，到底中國人民解放軍研究本身能不能夠成為一個在學術上面有意

252

義，而且可以明確定義範疇的一個學門，目前在學術界仍然有爭論，而我們也很難遽下定論。

研究解放軍的人士

　　解放軍演就當然不是規劃出來領域，不是一個先有學門再集結起來做研究，也不是因為許多人研究，所以集合起來成為一個社群。因此我們有必要來探討有哪些人，曾經在過去半個世紀進行了人民解放軍的研究。

1.　第一個自然是政府的部門的人員，尤其是情報部門的人員。因為我們前面所說的任務的需求，而對解放軍進行各種不同課題的研究。

2.　第二種是屬於武官，那麼這個尤其在美國特別明顯。也就是說，曾經派駐在中國大陸擔任武官或副武官職務，受過中文訓練，可以看中文資料的人員。他門在職的時候，替政府做解放軍研究的分析報告；可是在離開職務以後，可以透過個人的學術參與，撰寫學術界比較認為符合學術規範的研究論文。 這些人就變成了目前人民解放軍研究社群當中，很大的一個區塊。因為他們最大的一個特色，就是有長時間的工作經驗，可以親身的做調查研究，親身接觸人民解放軍，可以提供人民解放軍領

域一個非常廣泛，而且難能可貴的經驗分享。

3. 第三類的人就是學者。但是學者中間，我們又可以
分成很多類，尤其研究國際關係的學者；因為寫到
有關中國或是安全的事務，所以會對於中國的武裝
力量進行研究，這些研究相對的就比較零散一些。
我們可以常常看到，並不懂中文，但是對於中國的
外交政策，以及中國的國際關係進行研究的學者，
會寫到人民解放軍相關的研究問題。

4. 第四類的就是比較特殊，就是一般我們認定中國問
題專家的社群。這些人他都受了很好的語言訓練，
可以很快的看懂中文的出版品，大多也有在中國大
陸遊學或求學，學術交流或政策對話的相關經驗。
這些人可能多多少少在過去都為政府服務過，在離
開政府公職後，基於本身的學養，開始研究人民解
放軍，並透過學術的形式對外發表論文。所以中國
問題專家這個區塊，是目前人民解放軍研究社群當
中，人數最多影響力最大，出版品也最多的一個區
塊。

5. 第五類可以在解放軍研究社群中間，抽出並整合一
個很重要的一個跨領域的區塊，我綜合把他叫做政
策研究智庫的區塊。剛剛提到的政府軍事情報單位
情報的人員，或是國防軍事武官，或者是曾經在政
府任職的懂中文的、對軍事問題有研究的人士。這

些官員當他們離開了機敏性的政府位置之後,可以再加入智庫。在智庫的經費以及研究方向的指導之下,來進行解放軍研究。從過去近二十年的解放軍研究的出版品來看,有相當多的上述的專家,在發表解放軍研究出版品或論文的時候,是跟智庫相結合的。

解放軍研究的內容

綜觀過去二十多年來解放軍研究的出版品,我們可以理解到,解放軍的研究是全方位的、全程的、全系統的。所以,我們從本身需要,來認定解放軍研究應該包含哪些內容,來反證當前解放軍研究的情況是有意義的。

根據本人歸納過去二十年,跟國際與國內以及中國大陸解放軍相關研究出版品,以及相關人員的接觸,我大概可以歸納成為如下的幾個範疇:第一個大的區塊是戰略以及準則研究,第二個是組織的研究,第三個是科技面像研究,第四個是解放軍非常特別的政治工作面向研究,第五個則屬不容易歸納到上述四項,但是出版品的量以及議題本身重要性都很高的其他類別。

第一個範疇：戰略與準則

1. 軍事思想的研究。大家都了解的毛澤東軍事思想的研究、鄧小平國防與軍隊建設思想的研究、江澤民國防與軍隊建設思想的研究、以及目前胡錦濤做為中央軍委主席，有關科學發展觀與軍隊事務相關的發言以及指導，都可以歸類到這方面的研究。

2. 第二個就是國防政策的研究。解放軍在國際壓力之下，在 1990 年開始出版自己的國防白皮書，也比較正式的、明確的、對外宣告他自己的國防政策。而此政策因為不同的時間點，逐漸發生移轉及變化，而政策發展的本身就是一個非常重要研究的課題。

3. 第三是戰略的研究。當然戰略牽涉比較廣，這裏主要講的就是軍事。比如中共講的軍事戰略方針叫做「積極防禦」。這些軍事戰略在不同的時間點，有不同的變化，這些軍事戰略方針的變化，會引導到其他相關準則的修訂、其他訓練大綱、以及各種綱要的修訂。研究這一類的戰略的變化，是人民解放軍研究中間很重要的部份。

4. 第四個是有關於作戰和戰役的研究。也就是說針對中共他戰役戰法相關的論述，以及實際上對外用兵

中，在各個不同戰役中所使用的軍事戰略指導，以及戰役中使用的所謂的作戰準則，或是戰役戰法，以及在往下所使用的戰術等等相關的研究。

5. 第五項是專門去探討解放軍在演習和軍事訓練。內容包括有跨區的、聯合的、有軍種個別的、以及跨軍兵種相關的演習。演習也可以算是訓練的一部分，如果把訓練再結合進來分析，就可以透過演訓的分析，去理解解放軍在於戰備方面，以及未來可能發生武裝衝突的領域，有哪一些值得專注的焦點。

6. 第六個則是研究中共軍方，尤其是給軍人閱讀的，相關的重要典章、規定以及綱要和手冊。從這個過程當中，可以去理解他在訓練時要求的項目與重點，為何下達，到何種單位，以及制定的時間，距離軍事戰略指導的時程有多久，實施的進度如何，都是很重要的研究範疇。

第二個範疇：組織

1. 第一個是依照解放軍的中央組織做研究，也就是四總部和四個軍種的研究。 四總部就是總參、總政、總後、以及總裝。四總部本身在不同的時期、不同

的領導、都有不同的工作計畫、不同的戰備整備、以及不同的發展目標。同樣的，也可以延伸到四個大的軍種的研究。這個軍種的研究，出版品數量也很多，包括陸軍的地面部隊、海軍的研究、空軍的研究以及二炮的研究。很多出入門的年輕學者，通常也都會選擇自己比較有興趣的軍種，來進行個別軍種的研究。

2. 第二個是兵力結構的研究，也就是他兵員與組織。這些不同的軍事部隊，在組織的變革、人數的變遷、單位的增減、以及指揮層級的變化，從兵力結構來探討解放軍的發展歷程，以及未來發展的面向是我們研究很重要的部份。

3. 第三個是戰鬥序列的研究。從他目前擁有的包括人員，以及裝備所有的清單裡面，根據不同的時期，來分析裝備現代化，人員的調整以及部署的位置等等。

4. 第四個是解放軍的佈署。解放軍的部署也是一個非常重要的研究課題，因為不管從 1985 年軍區的改變，到部隊的調動，及他調動的頻率，還有軍隊的佈署位置，對於解放軍研究來講是一個相對困難的領域，因為資訊不容易取得，但是其本身重要性是非常的高。

5. 第五個是屬於軍制的研究，也就是軍事制度。軍制

學的研究，可以再透過研究人民解放軍的制度，去追尋他跟中國傳統社會制度，以及師承於前蘇聯的軍隊制度之間的關連性。這類的研究，包括了軍銜制度的研究、包括級別制度的研究，這些都是人民解放軍本身的特色，研究也相當多。

第三個範疇：科技

1. 第一個是武器系統。此包括裝備的來源、外購或是自製，自製又分自行研發、逆向工程、或是改良外購裝備。武器系統當然是很多人的最愛，所以研究武器系統的人員也非常多。

2. 第二個部份則是研究軍事採購。我們也都知道，軍購政策是一個軍隊發展的指導。也就是說，想取得什麼樣子的一個裝備來充實戰力。所以軍事採購本身也是一個非常重要的研究。此當然牽涉到裝備的出品，也就是軍事工業的研究。而軍事採購也分成對內軍事採購及對外軍事採購，亦即向國外的軍工企業採購何種裝備，對國內的可生產的或武器系統研發的單位來採購。這個領域過去發揮的也很多，它包括軍事科技指導的單位、政策決定單位、對外採購人員，以及時間點及項目，都是本領域的課題。

3. 第三則是軍事技術的研究及發展。過去對於國防科工委的研究，我們看到很多了非常優秀的論文。在總裝備部成立了以後，以及在中共軍事企業被政府收購以後，整個兵工的發展發生了很大的變化。這個領域相當的重要，但目前我們看到的論文相對有限。因為軍事技術的研究與發展，是涉及到未來一國的國力，所以解放軍相當一部份要仰賴軍事科技的研究與發展。而這些指導的單位及政策機構，以及實際上生產的單位兵工廠或製造廠，彼此之間的關係也是一個值得研究的課題。

4. 第四個是我特別列出來是一個叫做關鍵技術。我們都知道，任何一個國家的軍事發展，尤其是軍事技術發展，都有很高的機敏性。關鍵技術的發展是這些敏感的技術的中間最重要的部份，甚至可以說是一個國家整體科技尖端最重要最前沿的項目，這些項目我們嘗試過，但限於他的機敏性我們很難取得公開的資料，所以這方面研究不算太多。

第四個範疇：政治工作

因為中共本身自己的重視，所以解放軍的政治工作，變成研究解放軍不可或缺的重要組成部分，原則上

大可以分成三類：

1.　第一部份就是黨軍關係。這尤其是從事政治學研究背景的人員，以及曾經到中國做過調查研究人員特別可以感覺出來，包括中國解放軍的領導，在黨的重要決策位置，包括中央軍委跟黨的中央彼此之間的互動關係，以及中國共產黨跟中國人民解放軍，在不同的階層，包括中央、軍區階層、或是更低的階層，這些黨與軍隊的關係是一個研究的重點，也是我們從西方政治學中，文武關係或軍文關係課題所延伸出來的一個派別。

2.　第二部分我們講到的應該是軍地關係，也就是軍隊跟地方的關係。由於中國幅員遼闊，分為很多軍區，各軍區都有自己的地面部隊、二炮部隊、空軍、以及沿海還有海軍，所以軍隊跟地方之間，無庸置疑會有一些議題，它牽涉到地方政治的穩定，各省的軍區領導跟省領導的互動，以及民間建設跟軍隊的關係等課題。

3.　第三個政治工作的部份牽扯到軍隊的福利軍人權利相關的問題，而且包含我們做的一些後勤的研究。另外大家比較清楚的，包括擁軍優屬、擁政愛民的「雙擁工作」等等，都是對於軍人和軍眷的福利的問題。

261

第五大範疇:其他

　　誠如剛剛所言它比較難歸類,但是也屬重要研究。再此僅列舉出版品也相當多的四個大面向:

1. 第一個是解放軍的國防經費研究或軍事預算研究。這方面不論國際或是國內,都有相當多的論文去探討解放軍實際的國防支出、以及隱藏性預算放在哪裡、軍費增加和減少的趨勢,以及軍費的用途,他編列的比例,依照不同的軍種不同的項目。我們從預算的分析可以比較明確的去探討解放軍的發展。

2. 第二個是軍事外交。過去我們有少數的研究,其範疇包括:解放軍與外軍的交流:包括每年有多少外軍的領導到中國訪問,解放軍的領導到外國去訪問、敦睦艦隊的遠洋出訪及訓練航行、辦理大型的國際的會議、辦理大型閱兵、尤其是跨國的閱兵這些活動,所以軍隊外交在中國大陸改革開放之後逐漸開始發展到今天,已經是非常重要的一環。所以軍事外交的研究或是外軍交流的研究成為重要的領域。

3. 第三個部份就是法律與法規的研究。這方面過去大家比較不重視,所以研究的也比較少,甚至我們也可以說中國大陸自己的法律並不夠先進;但是由於

改革開放以及現代化的進程當中,中國大陸有關於軍隊或軍事的法規已經逐漸累積相當數量,有新制訂的,也有大幅修訂的法律,這類法規的研究也是重要的部分,對一個軍隊來講是一個行使職權的準則。這類的研究目前為數不多,但仍有其重要性。

4. 第四個則是一般所熟悉的所謂軍控研究。我們都了解,解放軍的參與國際的機制或國際組織來探討安全問題,過去相對是比較少的。真正的開始也是在80年代中期以後,它的參與的程度是與時俱進且逐步擴大的。參與國際組織或國際機制,以及國際安全或區域安全機制以後,會有很多的政策出來,使解放軍在軍控以及國際或區域安全組織中間,採取之態度及政策,成為新的研究的議題。

從上面所述可以理解,如果我們要進行一個全方位、全系統的解放軍研究,上述的領域,都必須包括在裡面。這些領域到目前為止,我們國內都有多多少少的涉獵。

解放軍研究對於我國的重要性

就台灣本身言,解放軍研究在學術界與政策圈均極重要,其必要性至少可以分為六點:

1. 首先，解放軍是一個革命的軍隊，黨指揮槍的軍隊，是目前世界上最大的黨指揮槍的一個軍隊。所以就解放軍這樣的一個特性本身，就是一個值得研究的。尤其對於軍事研究來講，軍制研究來講，都是非常重要的。

2. 其次，由於解放軍的現代化，以及國防預算不段的增加，使得解放軍的戰力及部署越來越廣，越來越強大，越來越外向型。所以面對一個越來越強大的解放軍他對於區域安全、對於國家安全、甚至對於世界安全，所可能產生的影響是絕對有必要去研究的。

3. 第三，解放軍研究的必要性在於解放軍的戰略企圖不明，也就是說他的 strategy objective 或者是 strategy intention 並不明確。所以在一個逐漸強大的人民解放軍，而又意圖不明顯的情況之下，我們對於解放軍當然要有近一步的研究。

4. 第四，研究解放軍的重要原因在於支撐我們研究中共政治發展。對於中共政治發展，我們絕對不可以忽略黨軍關係，絕對不可以忽略所謂的「扶上馬，送一程」、或者是「保駕護航」、或者是「軍隊永遠聽黨的話」。所以中國共產黨對中國大陸的統治，以及中國大陸政局的穩定，絕對不能把解放軍的重大因素抽離出來。

5.　第五，當然非常明顯的，就是人民解放軍是一個工具，而這個工具是用來對付台灣的。中共從來沒有正式宣告放棄對台使用武力，2005 年通過的「反分裂國家法」裡面，也明確的規定：在一定的情況之下，以非和平的手段，透過中央軍委和國務院來組織實施，處理台灣的問題。所以在中共不排除對台使用武力的情況之下，解放軍研究的重要性，對我國尤其、尤其比其他的國家來講都重要。

6.　第六，軍事互信機制的研究，現在慢慢變成顯學。換言之，中國不對台灣使用武力，解放軍不會攻打台灣，兩岸走向和平道路上時，我們仍然要加大力度去研究解放軍。因為在不了解對手的情況下，我們又如何能跟對方坐下來談，我們又如何知道要跟對方談什麼，對方的優點缺點在哪裡、強勢在哪裡弱勢在哪裡、以及對談的人是誰、會採取什麼樣的策略、都需要我們對解放軍有進一步的了解。

解放軍研究之淡江學派

至於如何實際來探討在上述各個領域中，我們涵蓋多少？投入心力多少？有哪些是必要卻相對較少的？本文謹就我國民間大學的解放軍研究的資料庫，以實證性

的統計分析，進行比較研究：

PLA研究項目	全國篇數	全國篇數(不含淡江)	淡江篇數	中山大學篇數	政治大學篇數	文化大學篇數
網軍	3	1	2	1	0	0
二炮	6	2	4	1	0	0
政治工作	2	2	0	0	0	1
核子戰略	6	3	3	0	2	0
陸軍	5	3	2	0	2	0
歷史研究	5	4	1	0	0	2
天軍	12	4	8	3	0	0
空軍	11	5	6	0	2	2
軍事外交	9	6	3	2	3	0
其他	7	6	1	0	1	2
軍文關係	9	7	2	2	3	2

海軍	23	9	14	3	5	0
軍事組織	14	11	3	2	2	3
軍事改革	19	12	7	4	3	2
軍事思想	18	13	5	1	8	1
軍事戰略	51	26	25	5	9	1
總計	200	114	86	24	40	16
附註			淡江戰略所	(共五個研究所)	(共五個研究所)	(共四個研究所)

註：本段為資料庫的文字呈現 本資料庫是透過「解放軍」、「共軍」、「中共軍事」、及「中共國防」等關鍵字，就公開的學位論文登錄，所做的搜尋。總計納入十多所大學，及 200 篇的論文。

　　從圖表中可以看出，單一淡江戰略所一個所的解放軍研究論文，佔全國的 42%，也就是 86 篇解放軍研究論文；平均每年就有 3 位左右的研究生，透過解放軍研究的專題論文取得學位。而其他大學的部份，則以中山大學及政治大學分別有全國解放軍研究論文的 20%及12%。在較早的時期裡文化大學也有較為先行的累積，

但是近年則有逐漸減少的趨勢。

在我們分析過我國民間大學有關於解放軍研究的資料庫以後，我們可以得知：目前我國國內利用公開資料，而進行解放軍研究的基本圖像，也透過上述的分析，了解我國比較有成就的部份與不足的部份。

我們要來探討淡江大學的解放軍研究學派，或是解放軍研究的淡江學派，根據我們實證的分析和研究，我們可以看的出來，淡江大學戰略所在解放軍的研究部分有幾項特質：

1. **歷史**：淡江大學戰略所是國內歷史最優久的，有關國家安全與軍事戰略的研究單位，所以他的產出的量是最大的，涵蓋的面向也是最廣。就解放軍研究而言，我國早期的民間學術研究社群，對於解放軍研究學位論文是相當的少，直到 1991 年波斯灣戰爭之後，逐漸出現增長，而在 1995、1996 年台海危機後，且在我國高等教育逐漸普及的情況之下，論文的數量開始成長。
不論是在什麼樣的階段中，淡江戰略所的解放軍研究，都佔有相當程度的比重，研究領域不但是廣泛的，也具有本身的特色。例如，對於海軍、天軍的

關注、軍事戰略、軍事改革等等,都有很多的研究
能量。

2. **師資**:淡江大學戰略所的師資,以解放軍研究領域
來講,相對是比較集中的。 也就是說,淡江戰略
所的教師在過去的研究生涯當中,以及從事解放軍
研究有專精的、受到學術界、或國際間肯定的教
師,相對比較多。

3. **完整培育**:淡江大學戰略所設有碩士班、碩士在職
專班、以及全國首創的戰略博士班,形成一體化、
全歷程的教學研究環境。再以悠久歷史以及教授群
而產生的吸引力,可以同時吸引不同領域及年齡
層,對於解放軍有研究興趣的精英,進行分項但可
整合的研究,培育新一代的解放軍研究人才。

我國解放軍研究之發展與合作

　　雖然淡江戰略所擁有一定的優勢,但是淡江戰略所
並不是獨門生意,也不可能是唯一的一家。過去幾年來,
我們看到國內各個民間大學,開始成立了相關戰略研究
的研究所;我們也看到越來越多的不同學校的相關系所
的學生,開始撰寫有關於解放軍研究的論文。雖然淡江
戰略所佔有相對的優勢,也有一定的領導地位,但是我

們必須要講，無論有沒有解放軍研究的淡江學派，或者是淡江解放軍研究學派，未來我國整體解放軍研究必須要建立在一個字上面，就是 cooperation 就是合作上面，這個合作又可以分為三項：

1. **官學合作**：因為我們國家整體學術研究人員的數量規模不夠大，我們的研究機構不夠多，所以必須要結合官方和民間的研究的力量，來進行官學合作，才能夠比較有系統、有計畫的進行我們國家需要的解放軍研究。

2. **跨校合作**：也就是說每個學校應該可以發展出他自己的特色，而這些特色的總和，就是國家所需要的。倘若我們把解放軍研究當作一個學門所需要的整體，跨校合作即變成是一個很重要的面向。

3. **國際合作**：無論我們國內對於解放軍研究走到什麼樣子的深度、廣度，很重要的一個部份，就是我們必須要有台灣特色。台灣對於解放軍研究，有沒有獨門的特色，能吸引其他國際上的解放軍研究智庫或人員，來跟我們交流，來共同努力，補足解放軍研究，作為一個學門所需要的全方位、全內涵、全領域的研究。

如果我們能夠透過官學合作、跨校合作、跟國際合

作三個面向，同步的來進行，而由淡江大學的戰略所做為一個主要的發動機和推動者，那我們國家的解放軍研究，就可以邁向一個更正面、更全面的方向。

解放軍研究之未來課題

最後，我們來探討解放軍研究未來的趨勢。以下所列的各點，是我個人認為 ，如果要進一步的研究解放軍，除了我們過去所理解的範疇以外，另外還有一些先進的發展，在未來幾年之間，必須由我們解放軍研究的社群去開發的。當然所列的諸項，也是我們在台灣比較能夠，且應該注意及發揮的部份。大概有下列的幾點：

1. 第一個就是國際局勢千變萬化，所以在兩岸關係逐步改善的未來，台灣在軍事上的戰略位置，他是一個滾動式的發展，必須持續的去研究。
2. 第二個是中共越來越強的解放軍，越來越強的拒止、反介入的能力。這個部分本身的發展，包括演訓內容、頻率、及使用的載台，都是我們要研究的對象。此外，也可以透過兵棋模擬的方式，來納入未來我們很多的想定，成為跟外軍合作的一個基礎。

3.　第三就是關於未來中國軍力投射能力。除了反介入的能力增強之外，解放軍的遠程軍力投射，絕對重要。所以未來研究的重點，仍然應該要集中在海軍、空軍、天軍、資訊作戰以及電子作戰方面。

4.　第四個對於台灣非常重要的，就是下一代的解放軍領導，即所謂 generation next。因為未來不論兩岸是戰是和，我們都無可避免的，一定會與未來的解放軍來交談、交手、交鋒。所以，我們做未來解放軍領導階層的研究，非常重要。

5.　第五是越來越在國際社會重視的非傳統安全的研究。非傳統安全威脅，已經取代了傳統國與國之間的戰爭，甚至兩岸戰爭。所以說，兩岸未來或是解放軍的未來，在所謂的災害防救，以及人道救援方面，會有哪些努力，也是我們研究的一個方向。

6.　再下一個點就是戰役的研究。我們都知道，解放軍在軍事理論與學術上面，一直有長足的發展。尤其是他在接收了傳統俄羅斯以及歐洲的武器系統之後，在軟體的系統方面借鏡了美國與西歐的思想，對於他自己未來戰役還有相關的情報作戰，都會有更深一層理論及科學的基礎，這也是我們要努力研究的對象。

7.　再來就是解放軍在國際安全對話機制方面的研究。這個方面也是中共的國際參與，以及他的大國

地位，使得解放軍有更多的舞台，能夠參與國際與區域的安全對話機制。參與的程度有哪些，外國的軍事單位與她們交流接觸也是觀察研究的重點。

8. 最後一點是有關於中國傳統兵學研究。我在這裡提出來，我們在台灣除了發揮自己的特色之外；對於解放軍的研究，應該有系統的、計畫的、在正確的指導和合作之下，是不是應該嘗試建立自己跟外軍，針對解放軍研究來擴大交流。基於我們，包括淡江大學在內，對於傳統中國兵學的研究，中國大陸既然有「孔子學院」，我們是不是也可以有「**孫子學院**」，或者是我們叫做「中國傳統兵學研究院」，把我們的軍事學術研究，能夠推向一個讓外國願意和我們交流的程度，當然以解放軍研究為核心，來發展這樣一個對外軍事交流，也是一個很重要的選項。

結語

如果在這些未來的趨勢當中，是我們大家共同認定，應該要走的研究方向，是不是我們應該藉由這次研討會，由參與的國內各民間大學從事解放軍研究的社群裡面的各位先進，大家共同來商議，形成重點，把我們

273

具有台灣特色的解放軍研究，帶到一個有系統、有組織、有規劃的一個研究的境界。期待將來能夠使解放軍研究，在學術界能有獨立的學門，共同來自律，使得我們的解放軍研究，對於全世界在軍事科學、軍事學術、軍事理論方面的研究，能做出更大的貢獻。

　　謝謝各位！淡江戰略所加油！

PLA研究項目	全國篇數	全國篇數(不含淡江)	淡江篇數	中山大學篇數	政治大學篇數	文化大學篇數
網軍	3	1	2	1	0	0
二炮	6	2	4	1	0	0
政治工作	2	2	0	0	0	1
核子戰略	6	3	3	0	2	0
陸軍	5	3	2	0	0	0
歷史研究	5	4	1	0	0	0
天軍	12	4	8	3	0	0
空軍	11	5	6	0	2	2
軍事外交	9	6	3	2	3	0
其他	7	6	1	0	1	2
軍文關係	9	7	2	2	3	2
海軍	23	9	14	3	5	0
軍事組織	14	11	3	2	2	3
軍事改革	19	12	7	4	3	2
軍事思想	18	13	5	1	8	1
軍事戰略	51	26	25	5	9	1
總計	200	114	86	24	40	16
附註			淡江戰略所	(共五個研究所)	(共五個研究所)	(共四個研究所)

學校	數量
國立師範大學	1
國立交通大學	1
國立台灣科技大學	1
國立中正大學	1
南華大學	1
大葉大學	1
中華大學	2
銘傳大學	3
臺灣大學	3
東海大學	3
國立中央大學	4
國立東華大學	5
國立中興大學	8
中國文化大學	16
其他(五篇以下學校之總和)	21
國立中山大學	24
國立政治大學	40
淡江大學	86

台海未來戰爭原因的檢視:

攻守勢理論的觀點

沈明室（國防大學戰略研究所助理教授）

壹、前言

在以往台灣防衛戰略的研究中，中共對台採取武力進犯行動的假定，幾無討論的空間，而且是台灣防衛戰略規畫與執行的前提。其差異性在於，中共可能採取何種軍事行動，以及所相對應的防衛戰略的不同，而且在因應軍事戰略及優先性也有不同考量。尤其是在過去兩岸關係緊繃時期，經常可以看到「中共新武器發展與部署＝中共軍力擴張＝中共對台軍事威脅＝兩岸會發生衝突」的論述。即使目前兩岸關係趨向和緩，仍可看到這樣的論述。

以最新版《國防報告書》對兩岸關係的描述說法為

例：[1]

> ⋯儘管兩岸關係和緩，然其對台軍力部署未曾稍減。尤其中共憑藉其經濟成長，以龐大經費挹注於軍力的擴張，國防預算連續 21 年來，以兩位數字大幅增長，軍事實力已超過其自我防衛所需。⋯⋯中共快速的軍力成長，我國首當其衝。中共迄今仍無意修正其「反分裂國家法」中，以「非和平方式」處理台海問題的選項，且對台的軍事部署沒有明顯的改變，我國面臨的軍事威脅依然存在。

上述內容強調因為中共對台軍備擴張未減，軍力部署未變，因此必須強化國防。然而這樣的論述，雖可成為台灣建構與強化防衛武力合法性的論述，也能做為戰略決策者思考軍事戰略走向的參考依據，但不表示此種應然的論斷，一定產生必然走向的結果。事實上，國防預算的增加或新武器的服役部署，甚至通過強化發動戰爭合法性與正義性的針對性法律，只能證明中共對台的戰略企圖與敵意，是否因而爆發戰爭，仍有其他的肇因(causes)。而這些影響因素之中，依其影響性的不同，有直接因素、間接因素，或是關鍵因素與次要因素等，必須找到直接性與關鍵性因素，才能找出化解戰爭之道。

---

[1] 國防部編，《中華民國九十八年國防報告書》(台北：國防部，民 98 年)，頁 46-47。

以往台海戰爭的研究多偏重軍事戰略層次的研究，並從軍事戰略的角度觀察中共武力犯台模式2、防衛戰略的運用3等，對於台海可能爆發戰爭的原因則從利益、權力或戰略文化的觀點4去探討。這些研究指出了個別戰爭的可能原因，但提出有效解決戰爭的方法過於空泛。如果無法找到真正的原因，或是僅能作出概略性的陳述，無法探究戰爭根源，恐無助於追求台海的和平。本文對於戰爭原因的探究，原本是希望透過戰爭原因的研究，以化解戰爭可能引起因素。

　　另外，台海經過六十年的對峙之後，兩岸情勢漸趨和緩，但是發生戰爭潛在可能性尚未消除。中共強調採取「防禦性國防政策」，5我國採取守勢作戰，強調國土防衛或台澎防衛作戰。6按理來說，兩個同樣採取防衛性

2 唐仁俊，「中共武力犯臺之可能行動分析」，《空軍學術月刊》，第 554 期，民 92 年 1 月，頁 3-22。

3 相關內容可見李陳同主編，《國防戰略與聯合作戰》(桃園：國防大學戰爭學院，民 97 年)。

4 劉順銘，《從戰略文化觀點探討中共軍事戰略與用兵動因》，國防管理學院國防決策研究所碩士論文，民 89 年 6 月。

5 中共在《2008 年中國的國防》國防政策篇章中，開宗明義強調「中國奉行防禦性國防政策」。參見國務院新聞辦公室，《2008 年中國的國防》(北京：國務院新聞辦公室，2009 年)，頁 8。

6 國防部編，《中華民國九十八年國防報告書》，頁 46。

政策的國家，爆發衝突的可能性不高，但有關台海衝突的議題仍然受到重視，中共是否真正採取以防衛為主的積極防禦戰略，亦有質疑的觀點。[7]過去許多的研究台海軍事議題的文獻，未從國家戰略態勢的攻守觀點去分析中共對台軍事威脅，以及因應之道。本文希望透過攻守勢理論（offense-defense theory）的主要論點來對照驗證台海戰爭發生的原因，並檢討我國在台海衝突中所採取的攻守勢戰略。

貳、戰爭原因與攻守勢的研究

一、戰爭原因的研究

戰爭是一種社會現象，在涉及利益的生死攸關時刻，通常國家會選擇戰爭作為解決問題的手段。米爾斯海默(John Mearsheimer)甚至將權力等同於軍事力量，因為攻勢性現實主義將這種力量視為國際政治最後手段。[8]尤其在「現實政治」（realpolitik）的環境中，因為無政府的狀態，國家會以最大限度追求權力或安全，國

---

[7] 沈明室，「中共軍事思想與積極防禦戰略層次內涵的演變」，《陸軍月刊》，第 41 卷第 48 期，民 94 年 12 月，頁 20-35。

[8] John Mearsheimer, *The Tragedy of Great power Politics*(New York: Norton & Company,2001).

家有時也會以武力威脅或使用武力來實現目標，[9]戰爭遂
因而發生。因為國家之間所產生的權力爭奪，不可避免
的會發生衝突，使得衝突成為國際關係的最基本特徵，[10]
衝突也成為國際關係研究的重要議題。[11]

　　戰爭研究屬於國際關係衝突研究的範疇，國際關係
有關衝突的研究大致可分成戰略研究、和平研究、安全
研究與衝突研究四個部分。[12]戰略研究之目的在了解國
家發生戰爭或衝突的原因，以及贏得戰爭的方法。和平
研究主要在如何解決衝突，甚至發展出替代性防禦
(alternative defense)或替代性安全(alternative security)
的觀點，以緩和核子時代可能發生的戰爭威脅。[13]安全

[9] Michael Brown, Sean Lynn-Jones and Steven Millers eds.,
The Perils of Contemporary Realism and International
Security(MA: The MIT Press,1995), Preface.

[10] 倪世雄等著，《當代西方國際關係理論》（上海：復旦大學
出版社，2005 年），頁 32。

[11] James E. Dougberty and Robert L. Jr. Pfaltzgraff,
Contending Theories of International Realtions: A
Comprehensive Survey(New York: Longman,2001),
chapter 5.

[12] 林碧炤，《國際政治與外交政策》(台北：五南出版社，1997
年二版)，頁 420。

[13] Michael Clarke, "Alternative Defense: The New Reality, "
in Ken Booth, ed., New Thinking about Strategy and
International Security(London: Harper Collins,1991),
pp.109-201.

研究因為國際安全定義擴大解釋，使研究範圍增加，而且在機構(Institution)途徑的運用，更優於其他研究。因為強調如何建立一個大家都可以接受的機構，以做為處理和解決衝突的機制與組織，而比戰略研究與和平研究更受到重視及廣泛運用。[14]

　　傳統戰略研究者對於戰爭或衝突的原因，多數以歷史研究的方式，透過窮研戰爭過去史例，提出自己觀察戰爭發生原因的見解。如約米尼（Antoine Henri de Jomini）以二十場戰爭為研究樣本，歸納認為一個政府會為了九種理由發動或加入戰爭。[15]但是這九種理由都是從發動戰爭國家單一面向的意圖進行分析，而戰爭其實是相對的，也許主要原因在敵對國家的挑釁或在防衛意志上過於脆弱，才使鄰國或敵國產生發動戰爭的意圖。而且約米尼雖然分析國家發動戰爭的原因，但其所

---

[14]　David A. Baldwin, "Security Studies and the End of the Cold War," *World Politics*, Vol.48,(October 1995), pp.117-141.

[15]　分別是：收回某種權利或是保衛某種權利；保護或維持國家最大利益，例如商業、工業、農業等；援助鄰國，它的存亡使本國的安全與均勢局面的維持具有必要關係者；履行攻守同盟的義務；推行、打倒或是保衛某種政治或宗教理論；用奪取土地的方式來增加國家勢力和權力；保衛國家的獨立不受到威脅；報復對於國家榮譽的侮辱；滿足征服慾。參見約米尼原著，鈕先鍾譯，戰爭藝術（台北：麥田出版公司，1996 年），頁 23。

著墨的重點，卻是在野戰戰略層次的用兵思想，並企圖找出戰爭的基本原理。[16]

克勞塞維茲(Carl von Clausewitz)則從自己的戰爭經驗與觀點中得到許多戰爭本質與性質的論述。例如克勞塞維茲認為「戰爭是一種強迫敵人遵從我方意志的武力行動」(War is thus an act of force to compel our enemy to do our will)。[17]這樣的觀點符合現實主義有關權力追求的論述，並將權力聚焦在軍事能力。克氏更進一步指出，戰爭工具實際上具有二元性，既可以用來打倒敵人，也可以迫使敵人做有限度的讓步。戰爭則是政策使用其他手段的延續或是被解讀為戰爭是政治手段的延續。[18]類似的觀點即意味著，戰爭發生的原因就在於國家藉由戰爭為政治工具，希望打倒敵人或迫使敵人做出有限度的讓步，以獲得政治目的。[19]

有學者對中世紀以來的歐洲戰爭起因進行研究並歸納十一種原因，如領土、商業航海、王位繼承、宗教、

---

16 約米尼原著，鈕先鍾譯，戰爭藝術，頁74。

17 Carl von Clausewitz, *On War*(London: David Campbell Publishers Ltd.,1993), p.83.

18 Carl von Clausewitz, *On War*, pp.3-28.

19 如中共學者合理化認為國共內戰原因在於國民黨政府的政治制度，因為國民黨未建立適應政治情勢變化的參政權。參見凌文豪，「解放戰爭爆發原因新論」，《河南師範大學學報》，第33卷第4期，2006年7月，頁173-176。

安全均勢、爭奪殖民地、爭奪權力、霸權征服、民族、
階級壓迫及其他等。這樣的歸因只能片面找出戰爭原
因，複製相同情境未必產生相同結果，只能幫助了解歐
洲安全進程，[20]更遑論預防戰爭或化解戰爭。1991 年的
波灣戰爭就美國而言，其發動戰爭的原因主要是基於美
國在中東戰略利益，目的在收復盟國科威特，但是更直
接的原因，更可能是美國認為對歷經兩伊戰爭耗損的伊
拉克，必然並非美國的對手。而在成功公算的說服下，
進而聯合其他盟國發動波灣戰爭。

　　或許就是因為戰爭發生原因的複雜性，研究國家之
間戰爭緣起，一直是國際關係理論現實主義以及戰爭研
究的重要主題。[21]另外，也有學者而對於戰爭發生原因
的研究中，則分別從國際體系、國家、個人等三個層次
來論述。例如華茲(Kenneth N. Waltz)在他的經典作品
《人、國家與戰爭》(Man, the State and the War)中，

---

20 夏保成、許二斌，「歐洲戰爭原因論」，《河南理工大學學
　 報》，第 6 卷第 2 期，2005 年 5 月，頁 89-101。
21 如 Seyom Brown, *The Causes and Prevention of
　 War*(New York: St. Martin's, 1987);Geoffrey Blainey, *The
　 Causes of War?An Introduction to Theories of
　 International Conflict*(New York: Lexington Books,1993);
　 Michael Howard, *The Causes of War*(Cambridge, MA:
　 Harvard University Press, 1983).

將戰爭的可能原因區分為個人層次的原因、國家層次與國際層次的原因，[22]從結構的觀點探討戰爭發生的原因。[23]

個人層次的原因在於戰爭根源於人類的本性，因為人類本性就是相互敵視及好鬥的。除了人的本性之外，國家領導者或是戰略決策者的行為有時等同於國家行為，尤其在獨裁的國家中更是如此。當戰略決策者受到心理因素及生理因素影響，也可能產生不理性的行為特徵，引爆戰爭的發生。因此有學者研究指出，國家領袖個人的缺陷容易導致戰爭的發生。[24]

國家的層次則認為戰爭發生的原因是因為不同類型國家出現，因為國家不同的需求而產生戰爭。如列寧認為資本主義國家在同一時間有同樣的需求，為了消除貿易爭端，各國衝突不斷升高，最後走向戰爭。[25]而現在

---

[22] Kenneth N. Waltz, *Man, the State and the War: A Theoretical Analysis*(New York: Columbia University Press,1959).

[23] 國內學者郭盛哲對戰爭進行社會學研究，亦採國際體系與國家層級的分析觀點。參見郭盛哲，「當代歐美戰爭社會學研究」，《國立政治大學社會學報》，第三十九期，2008 年 1 月，頁 119-146。

[24] John G. Stoessinger, *Why Nations Go to War*(New York: Cengege Learning,1974), pp.207-219.

[25] 列寧，「帝國主義是資本主義的最高階段」，轉引自簡文吉，

大行其道的「民主和平論」，強調民主國家之間沒有發生過戰爭或領土侵略的說法，也屬於國家層次的歸因。事實上，民主國家間之所以不常發生武力衝突的原因，係因國家通常會受制於民主政治體系和相關國會的監督平衡作用，以及決策者採取大規模軍事行動前，必須得到絕大多數民眾的支持所致。[26]

國際層次的歸因強調，國家選擇戰爭主要是被國際體系的無政府狀態所困擾，而戰爭則是無政府秩序中國家尋求自助的自然延伸。「霸權穩定論」是國際體系層次分析中的一個代表性理論。此理論認為一個單一具有超強政治、經濟、軍事實力的國家支配國際體系，只有當國家間開始爭奪此種支配國際體系的權力時，才會造成不穩定的局面。換言之，國際社會中有某個霸權國的存在，對穩定國際經濟秩序，發展國際公益則是必要的。[27]

即使具備某種程度的解釋力，霸權穩定論有替強權國家說項的意涵，如果霸權國家採取外向的攻勢主義，並與小國家發生衝突，當然不會影響國際體系或結構，是否就可因此具備合理性，這與攻守勢理論強調，當一

《列寧帝國主義論之研究》，政戰學校政治研究所碩士論文，民國 74 年 6 月。

[26] 倪世雄等著，《當代西方國際關係理論》，頁 452。

[27] Robert Gilpin, *War and Change in World Politics*(London: Cambridge University Press, 1981), p.144.

個強權國家採取攻勢主義可能引爆戰爭的觀點不同。

二、攻守勢理論的研究

　　一般而言，攻守勢理論的研究，最早出現在軍事戰略的運用上。在兩國軍隊或兩支武力交鋒的過程中，因為戰略態勢、軍隊實力與作戰目的不同，會採取攻勢與守勢的不同戰略態勢。在冷兵器時代，兩軍列陣戰場，面對面的作戰，會以作戰訓練精良與否及部隊運動速度來取勝，採取攻勢或守勢的意義不大。一旦面臨優勢敵人攻伐，則可以避城固守，透過堅固城牆，以防護軍隊安全。

　　到了熱兵器時代，越野作戰成為常態，堅固陣地除了城市之外，重要地形附近陣地的構築與編組也很重要。但因為戰車、直昇機與飛彈的發明，傳統在原野的陣地戰攻防態勢已經逐漸式微，以高科技武力進行同步縱深的攻擊，使敵人在迅速崩潰下投降，成為主要的作戰趨勢。但美軍在阿富汗及伊拉克戰場的困境，也指出低強度衝突與反叛亂戰，已經成為作戰主流，使大兵團的攻防戰，近年已少見。[28]也因為如此，傳統注重部隊

---

28 John A. Nagl, The U.S. Army/Marine Corps Counterinsurgency Field Manual(Washington D.C.: U.S. DoD,2007 .)

「攻、防、遭、追、轉」[29]的戰略戰術作為及訓練，難以運用在非傳統安全的軍事作戰行動上。

克勞塞維茲對於防禦觀念的論述在《戰爭論》中篇幅最長，而且內容最為精闢的。[30]克勞塞維茲認為「防禦是比進攻強的一種作戰形式」(defense is a stronger form of war than attack)，而且「防禦是由巧妙的打擊組成的盾牌」。[31]他認為防禦具有保存的消極目的，攻勢則有征服的積極目的，使防禦常居於被動，攻勢居於主動地位。但是如果防禦者能夠善用出敵不意、地形之利和多面攻擊的手段，則可以在戰鬥層次上取得與攻擊相同的優勢。由防禦開始到攻擊結束是戰爭的自然發展進程，所以企圖藉單純防禦從事防衛作戰容易陷於被動。

克氏曾親身經歷多年的法俄戰爭，並主張俄軍應該採取縱深退卻、誘敵深入的方式，逐步削弱法軍，轉化強弱對比，為反攻製造條件。俄軍採取此項戰略的成功，使克氏找到攻守結合的例證。[32]他強調攻勢與守勢二者所具備相互包容與相互轉化的關係，克氏認為「防禦這

---

29 指攻擊、防禦、遭遇戰、追擊、轉進。

30 在總共八篇中，防禦與攻擊各佔一篇。Carl von Clausewitz, *On War*, pp427.-696.

31 Carl von Clausewitz, *On War*, pp.427-632.

32 薛國安，《孫子兵法與戰爭論比較研究》(北京：軍事科學出版社，2003 年)，頁 147。

種作戰形式絕不是單純的盾牌，而是由巧妙的打擊組成的盾牌。」[33]戰爭中的防禦，決不是絕對的等待和抵抗，必須帶一些進攻的因素。[34]

如果沒有採取攻擊的手段，單純的防禦可能會引來更多的報復式攻擊，只有以攻擊性手段協同防禦作戰，盡快擊破敵軍主力，才能有效達成防禦的目的。如拿破崙在奧斯特里茲(Bitva Slavkova，捷克語)會戰中，即運用攻防並用的戰法，以右翼兵力佯裝退卻，誘敵追擊，左翼則堅守防禦牽制敵軍，再以主力對俄奧聯軍實施中央突破，得以重挫俄奧兩國聯軍之攻勢。[35]

除了強調防禦中要有攻勢之外，克勞塞維茲認為應當充分發揮防禦的優勢，把防禦和進攻有機結合，實行積極防禦。其主要內涵認為防禦目的具有消極性，但手段應該是積極的。他認為「防禦者採取這種防禦配備時，越是不直接的掩護目標，就越要借助於機動與積極的防禦，甚至採取進攻手段。」[36]

---

[33] Carl von Clausewitz, *On War*, pp.434-438.

[34] Carl von Clausewitz, *On War*, pp.431-433.

[35] 因為俄奧皇帝也參戰，故此次戰役被稱為「三皇會戰」，堪稱拿破崙的經典戰役，並獲稱歐洲第一名將的稱號。相關戰爭經過參見呂中元主編，《畫說拿破崙戰爭史》(北京：中國書籍出版社，2004 年)，頁 73-78。

[36] Carl von Clausewitz, *On War*, pp.434-438.

其實有關攻守勢的概念可以區分不同的層次，不僅可以用在國家戰略，更可以向下延伸到戰術戰鬥的層次。從表1可以看出，在國家戰略層次上，可以區分攻勢主義與守勢主義，主要將國家對外權力運用或軍力配置，區分為外向型的攻勢主義與內聚型守勢主義。軍事戰略則可以區分為攻勢戰略與守勢戰略，有時亦被稱為攻擊性戰略、防衛性戰略。在野戰戰略層次中，則可以區分攻勢作戰與守勢作戰，在此層次的作戰亦被稱為戰役層級戰略。[37]在戰術戰鬥層次中，則區分為攻擊與防禦兩部分，主要從師以下戰術作為到班排戰鬥的實施，都包含在內。

然而，本文所採取用以解釋戰爭原因的攻守勢理論，比較偏重國家戰略層次的運用，主要從國家層次的觀點，探討戰爭發生原因。攻守勢理論是一種簡單歸因的理論，因為此種理論將戰爭原因化約為單一的標題，即與國家所採取的攻守勢有關，而為何採取攻勢或守勢的理由則涵括了其他的理論主張，所以是一種具有多種效果的理由。[38]

---

[37] 有關野戰戰略攻守勢作戰的研究，參見胡敏遠，《野戰戰略用兵方法論》(台北：揚智出版社，2006年)，頁143-168。

[38] Charles L. Glaser and Chaim Kaufmann, "What is the Offense-Defense Balance and Can We Measure It?" *International Security*, 22,(Spring 1998), pp.44-82.

攻守勢理論的研究以傑維斯(Robert Jervis)為先，他發展其他學者未曾公開的論點，並且加上自己的重要觀點，主要強調攻勢性的戰略態勢與準備容易引起戰爭，[39]這使得採取非攻勢主義成為緩和緊張衝突的途徑之一。[40]攻守勢理論衍生自權力平衡，只不過認為破壞平衡的要素從外交政策、權力運用、利益追求，轉變成為國家戰略攻守勢的運用，並以此推論，是否因為攻勢主義的樂觀主義、搶先行動企圖、機會之窗浮現、爭奪累積性資源而導致戰爭原因的發生。

---

[39] Robert Jervis, "Cooperation under the Security Dilemma," *World Politics* (January 1978), pp.167-214.

[40] Jonathan Dean, "Alternative Defense: Answer to NATO's Central Front Problems?" *International Affairs*, 64,(Winter 1987/1988), pp.61-82.

表 1 攻守勢定義與範圍比較

範圍	區分		說明
國家戰略	攻勢主義	守勢主義	兵力外向投射或內聚防衛
軍事戰略	攻勢戰略	守勢戰略	亦被稱為攻擊性戰略、防衛性戰略
野戰戰略	攻勢作戰	守勢作戰	亦被稱為戰役層級戰略
戰術戰鬥	攻擊	防禦	師以下戰術作為到班排戰鬥

作者製表

叁、攻守勢理論的內涵與假設

　　本文以攻守勢理論來探討戰爭原因，主要參考艾佛拉(Stephen van Evera)的觀點。[41]他參考謝林(Thomas C. Schelling)主張「和平與戰爭的固有傾向包含在武器裝備、地理學和軍事組織」，[42]艾佛拉以此為基礎，提出

---

[41] Stephen van Evera, *Causes of War: Power and the Root of Conflict* (Madsen: Cornell University Press, 2001).

[42] Thomas C. Schelling, *Arms and Influence*(New Haven: Yale University Press, 1966), p.234.

了五項戰爭爆發的假設，其中以攻守勢理論為其重要的核心。

一、國家對戰爭結果有錯誤的樂觀主義時，戰爭可能發生。

　　一般而言，當評估發動戰爭的代價高昂，甚而可能衝擊國家與政府時，自然對戰爭的發動會趨向謹慎。[43]即使戰前經過縝密或理性的估計，戰爭的結果難以預測而具有不確定性。如果存在不確定性情況下，國家對戰爭結果有錯誤的樂觀主義，可能會妄圖具有高度勝利的公算，因而輕率發動戰爭。而這種戰爭勝利的妄想來自於對兩國軍力平衡的樂觀估計，過度高估自己，或是過於低估敵人軍事武力的防衛，因而產生對戰爭勝利的過度期待。以台海戰爭為例，中共對於攻打金門就抱著樂觀的估計，導致在古寧頭戰役中，因為大陸戰場勝利而冒進，在未做好登陸作戰準備下匆忙上陣，自然面臨戰爭失敗的結果。[44]

　　除了軍力平衡之外，對意志平衡的估計也很重要。

---

[43] Creg Cashman, *What Cause War? An Introduction to Theories of International Conflict*(New York: Lexington Books,1993), pp.67-68.

[44] 參見張楓，《古寧頭大戰》(台北：嚴秣陵發行，民 68 年)。

意志的平衡指的是敵人的抗敵意志。一般而言，一個國
家很少會去誇耀自己的作戰意志，但是常常會低估敵人
的作戰意志，並且因而誤判對方對戰爭的承受力及動員
能力，甚至是對盟國安全保障的承諾。例如，伊拉克之
所以敢入侵科威特，就是因為誤判美國在越戰失敗後，
已經頹廢且缺乏忍耐力，所以不會盡力幫科威特出兵。[45]

　　但結果剛好相反，伊拉克的入侵行動嚴重衝擊美國
戰略利益，為謀穩定波灣國家支持，美軍迅速出動優勢
兵力，而使伊拉克面臨挫敗。[46]值得注意的是，這種意
志的轉變是動態發展的，也許發動戰爭的當下，戰爭對
方憂患意識薄弱，使突擊作戰的作為易於奏功，但是全
民作戰意志卻有可能在遭受攻擊後，趨向團結，激發國
家潛力，反而成為一個打不敗的敵人。

　　第三種樂觀主義是對敵我國同盟影響的樂觀估計。
換言之，當一個國家戰略決策者認為發動戰爭會獲得相
關同盟國家的協助，或是敵國可能無法獲得同盟國家或
國際社會奧援時，也會產生錯誤的樂觀估計。就敵國同

---

[45] Lawrence Freedman and Efraim Karsh, *The Gulf Conflict 1990-1991*(Princeton: Princeton University Press,1993), p.49.

[46] Norman Cigar, "Iraq's Strategic Mindset and the Gulf War: Blueprint for Defeat," *Journal of Strategic Studies*, 25,(March 1992), pp.1-29.

盟的評估而言，二次大戰間，納粹德國入侵波蘭就是最顯著的例子。波蘭與英法兩國曾簽定同盟，但當時希特勒認為如果以「閃擊戰」的方式攻擊波蘭，英法兩國不會干預。但是就在德國入侵波蘭第三天，英法就對德宣戰。[47]

就本國同盟狀況的評估而言，二次大戰期間，挪威就是錯認英國可能援助的情況下，堅決抵抗德國，但後來證明英國的援助不僅太少，也來的太遲。[48]另外，在第二次波灣戰爭期間，伊拉克認為非正規作戰等遲滯、欺敵與造成傷亡對英美軍隊衝擊，存有不切實際的幻想導致兵力運用錯誤。[49]

綜合而言，一個國家對於發動戰爭的樂觀主義，不僅在硬實力方面軍力的消長，也在軟實力方面有關作戰意志的較量，更重要的是，敵我雙方同盟的態度與變化，更是決定發動戰爭的關鍵。

---

[47] Norman Rich, *Hilter's War Aim: Ideology, the Nazi State, and the Course of Expansion* (New York: Norton,1973), p.130.

[48] J. Andenaes, O. Riste and M. Skodvin, *Norway and the Second World War* (Oslo: Johan Grundt Tanum Forlag, 1974), p.50.

[49] Anthony H. Cordesman, *The Iraq War: Strategy, Tactics and Military Lessons*(Washington D.C.: The CSIS Press,2003), chapter 3.

二、搶先進行動員或攻擊一方可以獲利時，戰爭有可能發生

　　在過去許多戰史例證中，先制攻擊或對敵發起猝然攻擊行動，比較能夠獲得明顯的作戰利益。這也是一般所言的「窺破好機」，或是掌握戰機的重要性。謝林認為「搶先行動所帶來的利益決定戰爭爆發的可能性」，[50]強調比敵人採取先一步的作戰行動，昇高了戰爭爆發的可能性。但是就動機而言，搶先動員是一種戰爭準備，亦即先期準備一場可能發生的戰爭。

　　而當發覺戰爭準備的效率超乎假想敵國時，就會認定先制攻擊必然能夠獲得戰爭利益，而以自認萬全攻擊的準備以攻敵不備，遂使戰爭發生。但是此種先期戰爭動員，也可能引發對手國的疑慮，反而刺激對方先發起攻擊。另外，當兩國長期處於緊張對立狀態，或是處於一種恐怖平衡的狀態時，如果發生足以引爆戰爭的突發事件，也會有搶先攻擊的情況發生，如此情況將造成戰爭。

　　艾佛拉將搶先行動可能造成的後果區分為五種，首先是企圖藉由搶先行動攫取戰略利益的行動，會有率先發動戰爭的危險，初期可能達成作戰目的，但後續影響

50　Thomas C. Schelling, *Arms and Influence*, p.235.

難料。例如以色列一貫主張因為資源短缺，加以軍事動員會耗盡以色列的經濟資源，故在開始動員後，必須迅速發起攻擊。1967 年 6 月以色列空軍採取猝然攻擊的方式，讓埃及空軍受到毀滅性的打擊。[51]

第二種情況是，當敵對國家發現本國正進行搶先動員時，可能也會搶先採取先發制人的攻擊行動，促成戰爭的爆發。例如，當情報監偵發現敵人正進行戰爭動員時，可以採取攻守兩種策略。攻勢策略就是在敵未完成動員前，採取先制攻擊，以破壞敵人作戰準備，而且成功機率較高。守勢策略就是在不確定敵人行動的時機之前，只能採取強化防衛能力的政策，積極的整軍備戰，以逸待勞的瓦解敵人攻擊行動。這也形成一種矛盾的狀況，當積極動員準備防衛敵人攻擊時，反而引起敵人的焦慮，必須先採取攻勢行動。例如根據以色列前國防部長戴揚 (Moshe Dayan) 傳記所述，以色列對埃及的先制攻擊行動，就是以色列認知埃及想要搶先攻擊以色列，因而搶先發起攻擊。[52]

第三種情況是，當一個國家準備採取先制攻擊時，

---

[51] Edward Luttwak and Dan Horowitz, *The Israeli Army* (New York: Harper & Row, 1975), p.212.
[52] Moshe Dayan, *Story of My Life: An Autobiography* (New York: Warner Books, 1976), pp.409-412.

將會隱藏國家的憤恨、軍事能力、計畫與國家觀念。[53]這個情況延續上述的觀點就是，一個國家企圖採取先制攻擊時，必須隱匿企圖及能力，各種戰爭動員的準備也必須低調偽裝，否則可能引起敵對國反制而失效，或是因為敵國先採取攻擊行動而破局。如果將此情況加以逆向思考的話可以發現，一個國家發出警告，提出可能動武條件時，此時以警告或威懾目的為主，不一定採取戰爭行動。換言之，當一個國家對一重要事件隱藏企圖及能力時，就有可能採取搶先動員與攻擊行動。

例如在韓戰期間，美國為了東亞的戰略利益而出兵，[54]當美國突破三十八度線，直趨鴨綠江時，中共並未警告靠近中國邊界會採取武力介入的手段。美國將領麥克阿瑟(Douglas MacArthur)認為，中共在內戰剛結束之際，不可能出兵對抗聯合國軍隊，因而低估中共介入軍力數目及行動。[55]而在中共善於隱匿及美國輕率忽略的雙重條件下，中共遂介入韓戰，並改變韓戰以後整個

---

[53] Stephen van Evera, *Causes of War: Power and the Root of Conflict*, op.cit.

[54] 秦文甫、郭建良，「朝鮮戰爭爆發深層次原因探析」，《湖北大學學報》，第 33 卷第 4 期，2006 年 7 月，頁。

[55] Alan Whiting, *China Crosses the Yalu* (Standford: Standford University Press, 1966), pp.122-124.

東亞的戰略態勢。[56]

　　第四種情況是，當決定搶先攻擊或動員時，一個國家的外交行為會趨於草率或簡化。這是必然發展的情況，當選擇以先制攻擊為手段來達成戰略目標時，當然不希望全力投入戰爭準備的資源，因為外交的折衝會因而閒置或浪費。當外交手段趨向草率或簡化時，不容易獲得交手國的信任，雙方持續大規模的軍事動員，排除了外交討論的可能性，或藉外交討論增加作戰準備的時間，完成準備後則促進戰爭的發生。

　　第五種情況是，當一個國家採取搶先動員與攻擊準備時，必須先形成攻勢性的戰略態勢，即使隱匿企圖與計畫，也會讓軍事武力變成攻勢性或外向性的武力，增加爆發戰爭的風險。但有時候如果顧忌戰爭動員，缺乏作戰準備，反而引起敵國發起先制攻擊。因而當採取避免觸怒敵國的低調策略時，卻可能引敵軍入關，輕鬆的達成作戰目標。例如，二次大戰期間的 1941 年，德國對俄羅斯發動巴巴羅薩作戰（Barbarossa Operations），原先蘇聯為了避免激怒德國而未在德蘇邊境駐紮重兵，卻大開德軍侵蘇的方便之門，直接攻略蘇

[56] Sergei Goncharov, John Lewis and Litai Xue, *Uncertain Partners: Stalin, Mao, and the Korean War*(Stanford, CA: Stanford University,1993), pp203-228.

聯重要門戶列寧格勒與史達林格勒。[57]

三、國家實力變動較大，開啟機會或脆弱之窗時，戰爭有可能發生

　　這樣的觀點完全是霸權興起必然產生威脅的論述。實際上，如果沒有形成機會或脆弱之窗，容易會有上述的推論。事實上，窗口才是發生戰爭的主要原因，國家實力的變動較大以及軍事實力增強時，提供了掌握這些窗口的戰略基礎。這樣的戰爭誘因，不僅成為衰落中國家險中求勝的誘因，也成為興起中國家趁勢擴張的雄厚資本。絕大多數的現實主義者會認為，正在崛起的國家大都奉行利己主義和擴張主義等對外政策，[58]因而攻守勢理論認為國家實力變動大時，自然掌握契機對外擴張。

　　此處所指的機會之窗指興起中國家或衰落中的國家，遂行攻勢作戰以擴大國家權力或是扭轉戰略劣勢的機會。有關興起中國家的實例，如 1914 年俄軍在遠東地區的軍事實力日益壯大，使日本感受到威脅，因而希

---

[57] Richard K. Betts, *Surprise Attack: Lessons for Defense Planning*(Washington, D.C.: Brookings , 1982),pp.34-39 .

[58] 莫 翔，「戰爭與大國崛起的歷史和理論考察」，《雲南財經大學學報》，第 22 卷第 6 期，2007 年 6 月，頁 60-64。

望在俄軍實力尚未完全壯大之際，及早對俄國發動戰爭。[59]衰落中國家的實例則如伊拉克在1991年波灣戰爭期間，當美國及聯合國部隊正陸續部署時，正好是伊拉克的機會之窗，如能積極採取攻勢，可能會造成美軍重大傷亡，而改變戰略態勢。[60]相對的，對美國而言，為了阻止伊拉克大規模毀滅性武器的發展，必須盡速採取攻擊行動。[61]

　　脆弱之窗係指相對於機會之窗而言，如對日本而言，發起日俄戰爭的時機是機會之窗，但對俄羅斯而言，因為沒有重視日軍戰略企圖，及早完成作戰準備，才導致脆弱之窗產生。對美國而言，陸續部署軍隊準備發動對伊拉克的戰爭，在尚未完成之前都是脆弱之窗，對伊拉克而言，卻是機會之窗，而且稍縱即逝，沒有其他的扭轉戰略態勢機會了。當機會之窗或脆弱之窗出現時，任一國家都會想努力掌握，尤其如果正處於國家實力轉

[59] Alfred Vagts, *Defense and Diplomacy: The Soldier and the Conduct of Foreign Relations*(New York: Kings Crown, 1956), p.296.

[60] 嚴 雷，「文明的衝突還是利益的衝突：淺析美國發動伊拉克戰爭的動因」，《渤海大學學報》，第27卷第1期，2005年1月，頁58-60。

[61] U.S. News and World Report, *Triumph without Victory: The History of the Persian Gulf War*(New York: Times Books, 1992), pp.140,179.

變，或是權力轉移之際，會讓權力正在興起或衰落的國家掌握機會竄起，或企圖振衰起敝，反而更容易引起戰爭。

四、能控制與保護資源及獲得其他資源時，戰爭有可能發生。

艾佛拉所指的資源使那些可以累積成為國家力量，利於國家勢力興起的能力。如經濟與工業能力、軍事能力、軍事基地與縱深、土地人口、威脅的可信度等。[62]為了控制與保護這些資源，甚至以這些資源為基礎企望獲得更多資源時，會促成戰爭的發生。

例如 20 世紀中有許多戰爭都是從爭奪世界大工業區，並以此為基礎才能擴大控制其他地區，因為擁有工業力量及發明科學實力的國家，可以擊敗其他民族。[63]如法國亞爾薩斯－洛林省（Elsass-Lothringen）因為物產豐饒，一向是德國與法國之間的戰爭火藥庫。希特勒認為魯爾（Ruhr）工業區的生產能力是戰爭成功的前提，

---

[62] Stephen van Evera, *Causes of War: Power and the Root of Conflict*, chapter 5.

[63] Paul Kennedy, *Strategy and Diplomacy1870-1945*(Aylesbury: Fontana, 1983), p.47.

[64]英國有可能攻擊德國魯爾工業區，遂發動西面作戰，以消除英國對德國的威脅。

就軍事基地與戰略縱深而言，在傳統戰爭中，基地與戰略縱深的爭奪常常成為引發戰爭的主要原因。[65]麥金德（Halford John Mackinder）的心臟地帶說（Heart Land）除了強調掌握世界心臟地帶的重要性之外，地緣戰略的觀點也獲得傳揚與發展。延伸到海洋的場域後，形成了馬漢(A.T. Mahan)的海權理論，如何控制海洋與建立基地，更是其核心訴求。從美國形成，被印度積極宣揚的中共「珍珠串」（String of Pearls）戰略，也是強調發展遠洋海軍軍事基地的重要性。[66]

就軍事力量而言，這是與軍事作戰直接相關的累積性資源，尤其是當征服者能夠將其轉化為國家軍事武力，越能夠產生關鍵性的作用。例如在二次大戰期間，德國征服法國所使用的十個裝甲師，有三個師配備了來

[64] Jeremy Noaks and Geoffrey Pridham, eds., *Nazism 1919-1945: A History in Documents and Eyewitness Accounts*, vol., 2(New York: Schocken Books, 1988), p.761.

[65] Michael C. Desch, "The Keys That Lock Up the World," *International Security*, 14(Summer 1989). pp.86-121.

[66] 沈明室，「中共在印度洋擴建港口的戰略意涵」，《陸軍月刊》，2008 年 10 月，頁 4-6。

自捷克的戰車。[67]日本在發動南洋作戰時，也徵調多台灣原住民組成高砂義勇軍做為作戰武力。[68]

就威脅的可信度而言，當國家相信敵國可能造成的威脅時，必然也會做出讓步，但實際運用武力所達成的可信度不高。[69]反而是各種武力資源的獲得與軍事實力展現比較能夠累積威脅的可信度。

五、當征服變容易時，戰爭有可能發生。

艾佛拉的攻守勢理論主要在說明征服容易時，戰爭則更為可能。而其攻勢主義的觀點則是強調當一個國家在攻勢上佔優勢時（以下簡稱攻勢優勢），意謂著征服他國更為容易；而在守勢佔優勢（以下簡稱守勢優勢）時，則代表被他國征服相當困難。當征服他國成為一件容易的事情時，戰爭越容易成為一個政治工具，使戰爭容易發生。最普遍的情況是，不論是採取攻勢或是採取守勢的國家，追求安全是造成戰爭的主要原因，攻勢者為了安全而進行征服與擴張，防禦者則為了維護安全利益而

---

[67] P. M. H. Bell, *The Origins of the Second World War in Europe*(London: Longmans, 1986), p.172.

[68] 中村孝志著，許賢瑤譯，「日本的「高砂族」統治--從霧社事件到高砂義勇軍」，《臺灣風物》，第 42 卷第 4 期，民 81 年 12 月，頁 47-57。

[69] Jonathan Mercer, *Reputation and International Politics*(Ithaca: Cornell University Press, 1996).

不願意退讓，最後當然會引起戰爭。

艾佛拉認為當征服變的比較容易時，會出現十一種引起戰爭的因素：[70]

- 國家會採取機會主義的擴張政策，因為此種企圖會獲得更多利益。
- 因為國家覺得不安全，會擴大防禦能力，使鄰國受到威脅。
- 強烈的不安全感激發以激烈手段抵抗他國的擴張行為。
- 搶先行動利益擴大，引發先發制人的風險。
- 機會及脆弱之窗變大，進而引起戰爭的風險。
- 國家採用無法改變既成事實的外交策略，反而更易引發戰爭。
- 國家間協商不易，談判失敗，爭端惡化難以解決。
- 國家採取更秘密的外交及國防政策，增加軍事誤判和政治錯誤的風險。
- 對於其他國家錯誤的反應更為迅速，顯得更為好戰，錯誤變得更危險。
- 軍備競賽更快，增加預防戰爭及錯誤樂觀主義引發戰爭風險。

---

[70] Stephen van Evera, *Causes of War: Power and the Root of Conflict*, chapter 5.

這些因素原本都是分析戰爭發生的原因，但艾佛拉將之納入攻守勢理論，並認為這些原因都是當一個國家具備攻勢優勢後，可能產生的行為模式。[71]這樣的模式其實仍有對照及參考的作用。

叁、台海戰爭原因的檢視

　　過去對於台海戰爭原因的檢視是以一種主觀或命定的方式，強調在「中共絕不放棄武力犯台」下，台海將發生戰爭。本文則以攻守勢理論的觀點逐一檢視，台海戰爭爆發原因。

一、國家對戰爭結果有錯誤的樂觀主義時，戰爭可能發生。

　　此處所指的樂觀主義分別指台海兩岸，強調當中共對犯台行為有樂觀估計，以及台灣對於自身防衛武力效果過度樂觀，而採取激進的兩岸政策時，台海戰爭將可能發生。就中共而言，在國防預算逐年大幅增加情況下，

---

[71] 實際上，也有反例。因為具攻勢優勢的國家可能藉攻勢能力，保護某些國家免於遭受侵略者的攻擊；具攻勢優勢國家因此而具備嚇阻他國侵犯的能力，或者因為了解征服他國行為會被懲罰而有所約制，或憂慮發生無限制戰爭而考慮和平行為等。

軍備實力意圖已然超越台灣，逐漸以反制美國介入台海為戰略目標。[72]超越台灣表是中共對以軍事武力解決台灣問題持樂觀態度，現只顧忌美國介入態度及方式。

另外，從中共在閱兵及歷次重大演習過程來看，中共透過精心策劃，企圖向全世界傳送出大國強兵的形象，甚至希望藉此彰顯中國已經從滿清鴉片戰爭後的積弱不振，已發展成為具備全球影響力的世界大國，藉此鼓舞中國大陸人民的民族自尊心，轉移內部社會動亂問題的焦點。[73]當鼓舞了民族主義之後，在腦袋發熱下，更容易有錯誤的樂觀主義。

從中共東海艦隊近期由十艘軍艦組成特遣艦隊，繞過台灣東部海岸，穿越巴士海峽，在南沙群島進行軍演看出，[74]中共因為綜合國力的強大帶動了「大國民族主義」的興起，追求提升解決領土主權問題的戰略優勢，才藉由誇示軍備發展的成果，高調的展現日益增強的軍

---

[72] U.S. DoD, *Quadrennial Defense Review Report*, February 2010, p.31.

[73] 沈明室，「十一閱兵在戰略意圖、軍事現代化及兵力結構的意涵」，《中共研究》，第 43 卷第 11 期，2009 年 11 月，頁 111-114。

[74] 「共軍特遣艦隊繞經台灣東岸 國防部：具威脅」，《中廣新聞網》，2010 年 4 月 26 日，http://tw.news.yahoo.com/article/url/d/a/100426/1/24kcp.html，檢索日期：2010 年 5 月 3 日。

力，以提醒週邊國家的人民，中共是世界人口最多、經濟發展快速的國家，透過世界市場的運作，擁有美國高額國債，已經成為經濟大國，在擴大國際政治影響力，並強化軍備下，即將成為政治和軍事大國，其崛起過程已經提振中國大陸人民民族主義自尊心，以及遏阻大國的軍事威懾能力準備。

就台灣而言，在兩方軍事實力對比上並無樂觀主義的空間，但兩岸採取和緩策略的結果，卻因為中共節制強硬態度及讓利，而在與中共互動上呈現樂觀主義的傾向。中共在各種內部場合及活動中，透過各種手段形塑「一個中國」的事實，以強化統戰的功用，更加速樂觀主義的發展。兩岸在過去一年多來互動密切，交流層次及內涵也大幅提升，但共軍始終未放棄各項武力準備。中共並沒有因為兩岸關係的和緩，聲明放棄或放慢軍備擴張的步調與進程，仍然堅持在「反分裂國家法」的框架下，解決台海問題，毫不放鬆的推進軍事鬥爭準備，為台海最壞狀況做好準備的意涵非常明確。

面對中共以軍事鬥爭準備作為對台政策最後保障手段，在兩岸軍力落差日益擴大下，不論實質或表面都不應有樂觀主義的空間，而是應該設法找出「以弱擊強」的非對稱致勝策略。除了軍事武力之外，利用台灣地緣戰略優勢，聯合區域潛在盟國共組「嚇阻之盾」，非常重

要，而且越模糊越能產生效益。[75]

二、搶先進行動員或攻擊的一方可以獲利時，

戰爭有可能發生

在樂觀主義影響之下，可能會讓攻勢優勢的國家認為採取猝然攻擊方式，有助於戰略利益的取得。就中共而言，如果持續進行「軍事鬥爭準備」，在追求「首戰必勝」的目標下，有可能搶先針對重要戰略目標來發動軍事作戰行動。另外，也可能透過局部性的有限軍事行動，取得一定戰果，例如奪佔外離島之後，迫使台灣接受一定政治條件。

當決定採取搶先軍事行動時，中共必然會做好戰前的準備與部署，以及發動戰爭後的可能終戰指導。如以三戰手段，強化國際宣傳，阻止外國勢力干涉中國內政，爭取出兵征戰的合理性及正義性；[76]或是在外交上作好

---

[75] 馬總統接受美國媒體訪問時，應該避免對己防衛優勢有樂觀主義的傾向。訪問評論見陳洛薇，「永不求美出兵？馬展現自衛決心」，《聯合新聞網》，2010 年 5 月 3 日，http://udn.com/NEWS/NATIONAL/NAT1/5574008.shtml，檢索日期：2010 年 5 月 3 日。

[76] 沈明室，「共軍三戰運用層次、策略與我國反制作為」，《復興崗學報》，第 90 期，2007 年 12 月，頁 223-244。

各種拉攏支持，及因應國際反制的戰略作為，以避免形成多邊戰爭，[77]強化搶先軍事行動及爾後行動的戰略優勢。如中共在韓戰期間，即以攻勢嚇阻對美軍及聯合國軍隊發動搶先攻擊。[78]

就台灣而言，以目前兩岸互動狀況，不太可能對中共採取搶先動員或軍事行動。但是當中共積極進行動員與對台軍事鬥爭準備時，則有可能採取戰術性的攻擊行動，以「擊敵於彼岸」。如果戰爭已經開始，類似的戰術性軍事行動在性質上屬於緒戰，會影響後續戰爭成敗，但不會改變戰爭的原因。

但是如果戰術性打擊行動是在戰爭未發生之前，針對中共政治或其他戰略目標所採取的先制攻擊行動，即使發揮的作戰效果有限，也有可能引起更大幅度的反制與報復行動，進而擴大戰爭規模。這必須極力避免，否則先期的戰略優勢行動，反而容易成為中共爭取國際支持，採取報復行動的藉口。

---

[77] 郭樹勇，「戰爭合法性、多邊戰爭與中國統一」，《戰略演講錄》(北京：北京大學出版社，2006 年)，頁 273。

[78] 林賢參，「攻擊性嚇阻與中共介入韓戰之根源」，《展望與探索》，第 5 卷第 1 期，2007 年 1 月，頁 107-128。

三、國家實力變動較大，開啟機會窗口或脆弱

性窗口時，戰爭有可能發生

　　艾佛拉認為當國家實力變動時，會開啟機會與脆弱之窗，形成他國發動戰爭的有利契機，使戰爭容易發生。從中共改革開放之後，過程雖歷盡波折，但中共在經濟上的發展成果，已經成為大國崛起的重要基礎。中共因為綜合國力的強大，經濟發展財政資源的挹注，帶動了狹隘「民族主義」的興起，更擴大中共解決台海主權問題的戰略優勢與急迫感。

　　非常明顯的，中共擴張軍備的意圖非常明確，而且一貫的做為兩手策略「硬的一手」的運用，只不過中共善於用「和諧世界」及「和諧海洋」等名詞加以包裝。[79]尤其對台海情勢而言，一旦中共具備遠距作戰的能力，原有的戰略縱深、作戰形態與區域同盟作戰形態隨即產生重大的變動，利於中共的機會之窗由此而形成。

　　從中共的外交與經濟政策來看，如何建構一個能與國家綜合國力與國際地位相對稱的大國戰略，已經成為一種不變的發展趨勢。中國大陸目前外匯存底已經超過

---

[79] 俞新天，「和諧世界與中國和平發展道路」，《國際問題研究》，2007 年第 1 期，頁 7-12。

3481.98 億美元，[80]絕對有經濟能力和條件發展戰略軍事力量，以確保中共的海外利益。中共一向重視融合軍事與政治手段的策略運用，對台策略也是如此，自始至終強調軍隊做為硬的一手絕不放鬆。

在兩岸交流的變化過程中，即使兩岸互動密切，交流層次及內涵也大幅提升，但共軍始終未放棄各項武力準備。從中共持續大幅增加軍費，毫不加掩飾的強化遠程精準打擊及立體作戰能力，並積極研製航空母艦及核動力潛艦的作為看來，軍事手段在中共對台戰略中仍扮演隱藏幕後，但卻極為重要的角色。[81]

長期如此，兩岸軍力對比的差距將使台灣將形成無數個脆弱之窗，讓中共可以針對戰略目標，設定各種達成目標的戰爭工具或手段，尤其針對台灣脆弱之窗攻擊的目標，應該列為優先防護的對象。

---

[80] 根據中央銀行 1 月 5 日公布去（2009）年 12 月底台灣外匯存底達 3481.98 億美元。Nownews 新聞網，http://nownews.com.tw/2010/03/05/91-2576505.htm，2010 年 3 月 5 日，檢索日期：2010 年 5 月 3 日。

[81] 沈明室，「從海上閱兵看中國海軍戰略意圖及影響」，《戰略安全研析》，第 49 期，民 98 年 5 月，頁 28-31。

四、能保護控制資源獲得以獲得其他資源時，戰爭有可能發生。

　　就中共而言，可以累積的資源包涵戰略要點、軍事科技能力、軍事武力、國家能源等。在戰略要點方面，當中共軍隊逐漸走向外向型軍隊時，其週邊的海域及島嶼，戰略地位也逐漸提高。例如，中共學者認為，沒有台灣，中共就沒有進入太平洋最起碼的安全保障的可能。[82]中共與美國在南海戰略利益的衝撞，強調美國只能在其專屬經濟海域無害通過，不能從事雷達聲納搜索，目的即在建立保護專屬控制資源的權威性。

　　另外，在空中的資源也是如此。中共認為空軍武力對於國家利益可以發揮維護與保證的作用，因為一支強大空軍不僅有利拓展國家的戰略邊疆及區域，如果擴大延伸至太空武力，更有利於獲得太空軌道、環境、通訊頻道等資源，這些資源具有龐大的經濟利益，對綜合國力的快速發展具有強大推動作用。[83]

　　在軍事科技能力上，中共積極的透過各種手段以提

---

[82] 張文木，「全球化視野中的中國國家安全問題」，《世界經濟與政治》，2002 年第 3 期，頁 9。

[83] 蔡鳳震、田安平，《空天一體作戰學》(北京：解放軍出版社，2006 年)，頁 270。

昇及建構能夠在信息條件下作戰的高科技武力，故將軍事科技能力視為重要資源。除了積極從俄羅斯購買與引進外，中共自身軍事科技研發能力亦在提昇，新一代武器系統陸續服役部署，也會引發周邊國家擔憂防衛能力不足，而興起新一波的軍備競賽，引起區域情勢緊張。

在軍事武力上，中共軍隊規模將縮減，但海空軍武力人數將提昇。尤其針對美日的反介入武力上，中共成為對美國執行反介入戰略的潛在敵國。美國 2010 年《四年期國防總檢報告》(Quadrennial Defense Review Report)提到中共軍事現代化問題時指出，「中共正在發展及部署數量龐大的中程彈道飛彈、巡弋飛彈、配備新武器的新型攻擊潛艦、性能提升的長程防空系統、電子戰及資訊網路攻擊能力、先進戰機與反太空系統，都屬於長程及廣泛軍事現代化的一部分。由於中共僅透露少數有關軍事現代化項目的進度、範圍、最終目標，引起許多對其遠程意圖的質疑。」[84]

可見美國軍隊非常關注解放軍在海空武力、太空及資訊戰方面的能力提升，未來可能面臨的衝突可能就是在反介入的作戰環境中。這也說明軍事武力資源的累積，造成美軍因為中共反介入戰爭所產生的憂慮。[85]

---

[84] U.S. DoD, *Quadrennial Defense Review Report*, February 2010, p.31.

[85] 謝茂淞，《亢龍有悔：中共反介入戰略之研究》(台北：閱讀

314

在國家能源方面，中共日益殷切的能源需求，能源安全已列為國家安全戰略的重要內涵。中共能源戰略，以及隨之調整的海軍軍事戰略，不僅會危及台灣海上航運及經濟安全，也會增加中共對台軍事鬥爭準備的籌碼。例如中共航空母艦等遠洋兵力的發展，以及中共海空武力擴大對南海諸島的控制，將因為兩岸海空武力失衡的加劇，使台灣海洋安全情勢更為嚴峻。[86]

五、當征服變得容易時，戰爭有可能發生。

台海曾經歷數次衝突，都因為中共征服不易而失敗，從而維持六十年的穩固與安全。征服不易有兩種原因，首先是中共軍力不足，無法形成決勝的戰略優勢，只能形成威懾的軍事實力展現。其次是台灣防衛武力堅強，迫使中共必須思考有關戰爭成本的問題。易言之，征服變得容易，視兩種狀況而定。首先，中共軍力日益擴張，已經穩操台海戰爭勝券。其次，台灣防衛武力受到各相關因素的影響，無法因應來自中共的軍事威脅。在這種情況下，任何政治議題或兩岸情勢的巨變，都會讓中共傾向以戰爭作為解決政治問題的工具。

中共因為綜合國力的強大，經濟發展財政資源的挹

高手，2010 年)，頁 199-209。

[86] 陳良潮等著，《中共 2020 年能源需求分析》，國防部委託研究論文，2005 年 6 月，頁 4-23。

注，帶動了狹隘「民族主義」的興起，更加擴大中共解決台海主權問題的戰略優勢與急迫感。未來不論中共內部情勢變化如何，在中共大戰略的框架下，仍將台灣問題視為根本性利益，不會輕易放棄或改變。[87]中共對台軍事鬥爭準備，並未因兩岸關係和緩而有所改變。事實上，在中共對台策略中，軍事戰略是最重要的內涵，也是對台進行威懾與脅迫的主要工具。[88]

如果沒有軍事武力做為支撐，難以凸顯軟性統戰訴求的吸引力。當統戰等軟性策略開始奏效之際，軍事武力的展現可以加速政治手段的功效，萬一政治手段遇到瓶頸時，軍事武力的運用則有助於突破政治的僵局。

肆、我國攻守勢運用之建議－代結論

當前我國國防政策在建構「固若磐石」的國防力量，以守勢戰略為主導，建立「嚇不了」、「咬不住」、「吞不下」、「打不碎」的整體防衛武力，以打造精銳國軍，保障國家生存與發展。[89]但若從攻守勢理論來看，雖然

---

87 胡鞍鋼，《中國大戰略》(杭州：浙江人民出版社，2003 年)，頁 326-337。

88 徐焰，《中國國防導論》(北京：國防大學出版社，2006 年)，頁 351-380。

89 國防部編，《中華民國九十八年四年期國防總檢討》(台北：

我國採取守勢戰略，積極和緩兩岸關係，並沒有企圖建立防衛優勢，或是趁中共在建立攻勢優勢前發動先制攻擊，並不代表台海戰爭不會爆發。因為從其他原因來看，中共國家實力正在改變，且兩岸在綜合國力的落差越來越大的情況下，中共解決台海問題的機會之窗不斷浮現，台灣必須以各種積極作為，避免脆弱之窗形成，引發中共採取攻勢行動的企圖。

其次，面對中共日益強大的軍備擴張，必須穩步的維持台灣防衛武力的守勢優勢，即使共軍動作頻繁，不能採取搶先動員或先制攻擊的策略，以免成為挑動戰端的麻煩製造者，或者被冠以報復行動的藉口，反而容易引起戰爭。但是如果中共搶先動員或攻擊台灣時，意謂戰爭將要發生，除了強化應急戰備外，應透過國際宣傳控訴中共挑起戰端，爭取國際支持，以遏止戰爭的發生。

另外，當兩岸國家實力產生重大變化時，我應極力避免形成脆弱之窗，不論是在國家安全或是國防安全上，必須建立與國力相適應的國土安全網與防衛體系。除了避免因為脆弱之窗形成戰力間隙外，更應該強化內部團結，以一致的全民國防共識，以遮蔽對中共有利的機會之窗。

在戰略資源控制方面，台灣位居第一島鏈的核心位置，在美中兩強之間，具有極高的戰略價值，必須加以

國防部編，民 98 年)，頁 40。

珍惜與確保。另外，像控制日韓中的海洋生命線的南海航道、台灣海峽航道、東海航道及所屬島嶼，亦為區域各國必控之要地。目前有關水資源、石油資源的控扼，使得地緣戰略的重要性提高。但在講求資源共享的與多邊合作的情況下，未來因為戰略資源引爆戰爭的可能性並不高。

最後，要避免中共因為對台征服的行為更容易而輕啟戰端，就必須針對中共對台軍事戰略尋求反制之道，而且最重要的是要讓台灣的國防武力，在經歷國防組織轉型，尤其是全募兵制之後，戰力更為提昇。所以，應該針對中共對台戰法的演變，以及軍事全球化的趨勢，強調有效嚇阻戰力的完整建構。

在戰術層級則「攻擊就是最好的防禦」思維下，攻守勢並用，具備戰術性的反制與打擊能力，增加防衛作戰戰術運用的彈性。[90]在國家戰略層級則持續強調守勢主義、在軍事戰略則強調守勢戰略，以緩和兩岸情勢，促進互利共生。一旦兩岸情勢對立緊繃，則以守勢優勢為基礎，有效嚇阻敵人來犯，更能提升在國家戰略與軍事戰略層級有效嚇阻的強度。

---

[90] 沈明室，《台灣防衛戰略三部曲》(高雄:巨流圖書公司，2009年)，頁 280。

中國新安全觀的再審視

李大中（淡江大學國際事務與戰略研究所助理教授）

壹、前言

　　對比於傳統上重視權力平衡、軍事結盟、借重軍事
力量獲取安全之舊安全觀，北京自 1990 代中後期所倡
導的新安全觀，則強調放棄冷戰思維，著重互信、互利、
平等、協作等原則。本文的主要目的在於檢驗環繞於新
安全觀的諸多議題，包括新安全觀的理論發展、主要內
容、提出背景、具體實踐以及檢討與省思等面向。本文
的主要論點有四，首先，新安全觀的出爐，大致可區分
為三種原因，包括對於美國所主導聯盟體系之被動反
制、降低周邊國家對於中國威脅論的疑懼、爭取國際社
會中的話語權等；其次，儘管北京近來對於非傳統安全
多所著墨，但並不意謂未來將會以非傳統安全的概念，
取代新安全觀的指涉意涵；第三，在省思與檢討方面，
本文認為必須將新安全觀，置於北京的外部政治環境、
歷史脈絡、整體外交思維等角度，加以綜合考量，才有
可能獲得全貌；第四，新安全觀不僅仍面臨各種理論與

實務上的困境，在運作的層面上，其理念性也大過於操作性，但即便諸多挑戰仍在，展望未來，新安全觀仍將佔有一席之地。在本文的內容上，除第一節前言之外，尚包括五個部份，其中第二節是新安全觀的醞釀與發展，第三節為新安全觀的主要內涵，第四節是新安全觀的提出動機與背景，第五節為新安全觀的具體實踐與省思，至於第六節則是本文的結論。

貳、新安全觀的醞釀與發展

　　中國新安全觀的發展，發軔於 1990 年代中後期，至 2000 年代初期臻於完備。[1] 1996 年 7 月，從中國副總理兼外長錢其琛出席雅加達舉行的第三屆東協區域論壇(ASEAN Region Forum, ARF)所發表的講話中，外界已初步觀察到新安全觀的基礎面貌，錢其琛提到中國主張以對話與協商的方式，增進相互瞭解與彼此信任，透過擴大與深化各國的經濟發展與合作，共同促進地區安全，並鞏固政治安全。[2] 他推崇東協區域論壇已正式成為亞太地區的多邊合作與對話的機制，鼓勵各國在平等

---

[1] 李學保，〈新安全觀與中國的和平發展之路〉，《社會主義研究》，2005 年第 1 期，頁 116-118。
[2] 劉躍進，《中國政府新安全觀的機本內容及其實踐與體現》。http://duirap3.uir.cn/download.php?id=230.

與相互尊重的基礎上，建立合宜的雙邊信任措施，更重要的是，錢其琛也提議東協區域論壇應在適當時機探討綜合安全方面的合作問題，綜觀錢其琛的談話內容，雖未直接使用「新安全觀」的字眼，但已明確觸及諸如綜合安全、平等、互信等關鍵概念，故被視為北京新安全觀的雛型。[3]

1997 年 3 月，中國與菲律賓於北京共同舉辦東協區域論壇信任建立措施會議，中方代表提出亞太地區各國於冷戰結束後所應改採取的新安全觀，這也是北京首次承認關於安全議題之國際多邊官方會議。[4] 而在出席該年 7 月的東協區域論壇與 12 月的慶祝東協成立三十週年大會上，錢其琛再度重申新安全觀的內涵以及中國倡導新安全觀的基本立場。至於中國領導人正式使用新安全觀一詞，最早是始於 1997 年 4 月江澤民於俄羅斯杜馬的演講，[5] 他在演講中提到北京對當前國際安全環境的基本看法，其內容載於中俄兩國所簽署之《關於世界多極化和建立國際新秩序的聯合聲明》，其中的第三點提到：「雙方主張確立新的具有普遍意義的安全觀，認為必須摒棄冷戰思維，反對集團政治，必須以和平方式解

---

[3] 同上註。
[4] 惠耕田，〈試論中國政府的新安全觀〉，《廣州行政學院學報》，第 21 卷第 4 期(2009 年第 8 月)，頁 47。
[5] 許博彰。〈中共「新安全觀」與「經濟安全」之分析〉，《中共研究》，第 38 卷第 11 期(2004 年 11 月)，頁 69。

決國家之間的分歧或爭端，不訴諸武力或以武力相威
脅，以對話協商促進建立相互了解和信任，通過雙邊、
多邊協調合作尋求和平與安全」6 至於江澤民更系統性
地闡述中國對於新安全觀的看法，則是在 1999 年 3 月
出席內瓦裁軍會議的場合。7 他在這篇名為《推動裁軍
進程、維護國家安全》的演說中指出：

> 歷史告訴我們，以軍事聯盟為基礎、
> 以加強軍備為手段的舊安全觀，無助
> 於保障國際安全，更不能營造世界的
> 持久和平。這就要求必須建立適應時
> 代需要的新安全觀，並積極探索維護
> 和平與安全的新途徑。我們認為，新
> 安全觀的核心，應該是互信、互利、
> 平等、合作。各國相互尊重主權和領
> 土完整、互不侵犯、互不干涉內政、
> 平等互利、和平共處五項原則以及他
> 公認的國際關係準則，是維護和平的
> 政治基礎。互利合作、共同繁榮，是

6 參見《中俄關於世界多極化和建立國際新秩序的聯合聲明
(1997/4/23 》，新華網。
http://big5.xinhuanet.com/gate/big5/news.xinhuanet.com/zili
ao/2002-09/30/content_581524.htm.
7 魯維廉，〈中共「新安全觀」與其外交政策的關係〉，《共黨
問題研究》，第 25 卷第 12 期（1999 年），頁 60。

維護和平的經濟保障。建立在平等基
礎上的對話、協商和談判，是解決爭
端、維護和平的正確途徑。只有建立
新的安全觀和公正合理的國際新秩
序，才能從根本上促進裁軍進程的健
康發展，使世界和平與國際安全得到
保障。[8]

2000 年 9 月，江澤民利用出席聯合國千禧年峰會
的場合，再次對中國的新安全觀多所著墨，他提到「營
造共同安全是防止衝突和戰爭的可靠前提。應撤底拋棄
冷戰思維，建立以互信、互利、平等、合作為核心的新
安全觀。」[9] 而在 2001 年 7 月，江澤民在紀念中國共
產黨成立八十年大會的談話中，改而使用「互信、互利、
平等、協作」，也就是將原始版本中的「合作」調整為「協
作」。[10] 歷經 1990 年代以來的發展，中國對於新安全觀

[8] 參見《推動裁軍進程 維護國際安全 - 在日內瓦裁軍談判
會議上的講話(1999/3/26)》，中華人民共和國外交部。
http://big5.fmprc.gov.cn/gate/big5/www.fmprc.gov.cn/chn/gx
h/tyb/zyxw/t4760.htm.
[9] 參見《江澤民主席在聯合國千年首腦會議上發表重要講話
(2000/9/6)》，央視網。
http://202.84.17.73/world/htm/20000907/103358.htm.
[10] 參見《江澤民在慶祝建黨八十周年大會上的講話
(2001/7/2)》。人民網。
http://past.people.com.cn/BIG5/shizheng/16/20010702/50159
1.html.

在理論架構與概念意涵的發展，也漸趨成熟，2002 年 7
月，中國代表團在東協區域論壇外長會議中，提出所謂
的《中國關於新安全觀的立場文件》，而此份文件也被外
界視為北京提倡新安全觀的完整總結意見。[11] 2002 年 9
月，外長唐家璇出席第五十七屆聯大一般性辯論，在其
談話中再度闡述新安全觀。除國際場合的聲明與對外文
件之外，新安全觀也列入黨的正式文件中，例如江澤民
在 2002 年 11 月的十六大報告中提到：

> 不管國際風雲如何變化，中國始終不
> 渝地奉行獨立自主的和平外交政
> 策。各國政治上應相互尊重，共同協
> 商，而不應把自己的意志強加於人；
> 經濟上應相互促進，共同發展，而不
> 應造成貧富懸殊；文化上應相互借
> 鑒，共同繁榮，而不應排斥、其他民
> 族的文化；安全上應相互信任，共同
> 維護，樹立互信、互利、平等和協作
> 的新安全觀，通過對話和合作解決爭
> 端，而不應訴諸武力或以武力相威
> 脅。[12]

---

[11] 程天權主編，《中國發展之路(1978-2008)》(北京：中國人
民大學出版社，2008 年)，頁 219。
[12] 參見《江澤民在中國共產黨第十六次全國代表大會上報告
(2002/11/8)》，新華網。

新安全觀的理念成型，雖然是醞釀與成熟於江澤民時期，但第四代領導人胡錦濤依然藉由各種國內外場合，展現北京對於新安全觀的重視，因此並沒有明確跡象顯示，新安全觀的地位與重要性，在胡掌權後出現明顯下降跡象。[13] 胡錦濤最早於 2003 年 5 月於莫斯科國際關係學院的演講中，曾指出應建立互信、互利、平等與協作的新安全觀。2005 年 4 月，他在亞非峰會中也曾強調，亞非各國應發展平等互信與對話協作的夥伴關係，建立新安全觀，並且以和平與協商的方式，解決彼此紛爭。[14] 2005 年 9 月，胡錦濤於聯合國舉行創立六十週年的元首峰會中，也提到中國奉行多邊主義與實現共同安全的立場，他呼籲各國必須拋棄冷戰思維，並重

---

http://news.xlnhuanet.com/newscenter/2005-01/16/content_2467718.htm.

[13] 胡錦濤在中共十七大全國代表大會的報告中，的確沒有使用「新安全觀」一詞，但綜觀該報告「始終不渝走和平發展道路」的內容，仍處處展現新安全觀的一貫內涵，例如對互信、互利、平等、協作等原則的強調。參見《胡錦濤在中國共產黨第十七次全國代表大會上的報告 (2007/10/24)》，中國網。
http://www.china.com.cn/17da/2007-10/24/content_9119449.htm.

[14] 胡錦濤在中共十七大全國代表大會的報告中，的確沒有使用「新安全觀」一詞，但綜觀該報告「始終不渝走和平發展道路」的內容，仍處處展現新安全觀的一貫內涵，例如對互信、互利、平等、協作等原則的強調。參見《胡錦濤在中國共產黨第十七次全國代表大會上的報告 (2007/10/24)》，中國網。
http://www.china.com.cn/17da/2007-10/24/content_9119449.htm.

申北京對於新安全觀的四項原則。[15] 2009 年 9 月，胡
錦濤在第六十四屆聯大的演說中，再次強調中國堅持互
信、互利、平等與協作的新安全觀，並表示惟有如此，
中國才可維護自身的安全利益，同時又能夠兼顧與尊重
他國的安全關切，進而促進國際社會整體的共同安全。[16]

參、新安全觀的主要內涵

一、 強調以互信、互利、平等與協為核心

如前所述，自 1990 年代中期以來，北京大力倡導
之新安全觀的核心，在於互信、互利、平等、協作等四
個根本概念。其中，所謂的「互信」所強調的是各國應
超越不同意識型態、文明、政治制度以及社會經濟發展

15 參見《胡錦濤在聯合國立六十周年首腦會議上的講話
(2005/9/16)》，中華人民共和國駐聯合國常駐代表團。
http://www.china-un.org/chn/zt/snh60/t212365.htm.
16 胡錦濤在演說中提到：「和平是人類社會實現發展目標的根
本前提。沒有和平，不僅新的建設無以推進，而且以往的發展
成果也會因戰亂而毀滅。無論對於小國弱國還是大國強國，戰
爭和衝突都是災難。因此，各國應該攜起手來，共同應對全球
安全威脅。我們要摒棄冷戰思維，樹立互信、互利、平等、協
作的新安全觀，建立公平、有效的集體安全機制，共同防止衝
突和戰爭，維護世界和平與安全。」參見《胡錦濤在第六十四
屆聯大一般性辯論時的講話 (2009/9/24)》，中華人民共和國駐
美利堅合眾國大使館。
http://big5.fmprc.gov.cn/gate/big5/us.china-embassy.org/ch
n/zt/t635747.htm.

狀況，不再抱持冷戰時代的舊思維，放棄相互猜疑、缺乏與敵意，就自身的國防政策與對外重大政策作為，展開誠懇與坦率的溝通、對話與協調；而「互利」則是強調各國應順應全球化下社會發展的需求，尊重他國的安全利益，在實現自身安全利益的同時，也能夠為對方的安全利益設想，達到共同安全的目的；所謂的「平等」是指各國不分強弱大小，都是國際社會中的成員，故必須平等相待，不該干涉他國內政，且應積極推動國際關係的民主化；至於「協作」主要意謂各國必須透過和平的途徑，例如協商與外交手段，解決國際爭端，並應就各方所共同關切的各種安全議題，展開廣泛且深入的合作，防患未然，避免戰爭與衝突的發生。[17]

　　簡言之，中國新安全觀的起始點，仍是強調主權安全，但其內容則是綜合安全，至於途徑則是採取合作安全。[18] 總結新安全觀的核心概念與主要內涵，可從北京分就政治、經濟與衝突解決等三大層面所提出的主張，得到進一步的理解。首先，在政治的面向上，中國認為新安全觀的基礎仍是傳統的主權安全，其立場是各國應該在相互尊重主權以及領土完整、互不侵犯、互不干涉內政、平等互利以及和平共處等五項原則上，構築彼此

[17] 參見《中國代表團向東盟提交新安全觀立場文件 (2002/7/31)》，中華人民共和國外交部。
http://211.99.196.166/chn/gxh/tyb/wjbxw/t4693.htm.
[18] 北京清華大學學者座談問答內容，2010 年 4 月 7 日(北京)；

關係，並認為此為促進全球與區域安全的政治前提。此外，北京也特別重視世界多樣性與文明多樣性，主張任何國家都有權利，選擇最適合自身國情的政治制度、發展道路以及生活方式，反對任何國家以任何方式與任何理由，干涉他國內部事務，也反對任何國家將自己意志強加於人。[19]

其次，在經濟的面向上，中國認為各國必須強化互利合作，相互開放，消除在經貿交往中的不公平現象與歧視性措施，並應逐步縮小各國在發展上的差距，謀求共同繁榮，並認為此為全球和區域安全的經濟基礎。此外，北京也強調為謀求國際間合理的經濟、貿易與金融秩序，不僅要需要完善和宏觀的管理監督體制，各國更應保持密切的合作與協調，以便共同營造穩定與健全的外部經濟環境。[20]

第三，在衝突解決的面向上，北京認為各國應透過對話與合作，增進相互理解，並以談判、調解、調停、斡旋、調查、仲裁與司法等各式和平手段，解決分歧，並認為此為確保國際和平與安全的正確途徑。此外，北京也強調安全是相互與相對的概念，而非主觀與絕對的概念，全球與區域性安全對話與合作的宗旨，在於如何

---

[19] 參見《1998 年中國的國防》，網易。
http://news.163.com/06/1228/18/33EUVQDQ0001252H.html.
[20] 同上註。

強化彼此互信，而非搞小集團、分化或對抗，而國際間任何的安全合作與對話的機制或措施，都不應針對第三方，或損害他國的安全利益。[21]

二、新安全觀與非傳統安全之關聯

另一個與新安全觀有關的概念，即近年來獲得國際社會高度關注的非傳統安全，就北京而言，到底雙方的異同之處何在？彼此的關聯性為何，兩者是否有位階高低之分？針對上述問題，以下擬先就官方文件的分析出發，進而闡述本文的觀點。

中國國務院新聞辦公室自1998至2008年所出爐的六部國防白皮書中，已連續六度提到新安全觀的意義與重要性，例如以最早(1998年版)的國防白皮書而言，在第一章「國際安全形勢」的部份，首次呼籲各國拋棄冷戰期間的過時對抗思維，與過去截然不同的安全觀，並且應共同謀求維護和平的新方式。[22] 至於2000年與2002年兩個版本的國防白皮書相同，都是在第一章「安全形勢」的部份，闡釋中國對於新安全觀的理念，並重申北京認為新安全觀、和平共處五原則、聯合國憲章以及其他公認的國際關係規範，為維護國際和平的政治前提；合作互利與共同繁榮，是維護國際和平的經濟要件；

---

21 同上註。
22 同上註。

至於在平等基礎上協商，以和平方式解決爭端，則是維護國際和平的唯一正確途徑。[23] 而 2004 年版的國防白皮書，則在第二章「國防政策」的篇幅中，指出中國國家安全的基本目標與任務之一，在於「堅持獨立自主的和平獨立外交政策、新安全觀，爭取較長時期的良好國際環境和周邊環境。」2006 年出版的國防白皮書對於新安全觀的處理方式，並非像以往放入「安全形勢」的部份加以論述，而是往後挪到第十章「國際安全合作」，但同樣不忘此處重申北京方面對於新安全觀以及和平共處五項原則的堅持。[24] 至於最新一版的國防白皮書 (2008 年)，則又回歸早期的安排，將新安全觀的內容置於第二章「安全形勢」中闡述，並指出面對前所未有的機遇和挑戰，中國的對外安全合作，是依循和平、發展、合作等原則，朝向和平發展與互利共贏的道路邁進，中國也兼顧傳統安全與非傳統安全課題，積極實踐以互信、互利、平等、協作為核心的新安全觀，支持以和平手段解決國際爭端，推動國際安全對話與合作，並重申中國反對軍事同盟擴張、軍事侵略或任何的武力恫嚇。[25]

---

[23] 《2000 年中國的國防》，人民網。
http://www.people.com.cn/GB/channel2/10/20001016/273658.html.
[24] 參見《2006 年中國的國防》，新華網。
http://big5.xinhuanet.com/gate/big5/news.xinhuanet.com/mil/2006-12/29/content_5546516.htm
[25] 參見《2008 年中國的國防》，中新網。

至於在非傳統安全方面，王逸舟認為中國對此問題的認識可約略分為三個階段，第一個時期(1978 年至1991 年)是傳統安全逐步邁向非傳統安全的過渡期，主題從以往強調軍事力量的成長，轉變為對於提升綜合國力之關注，從以往的戰爭與革命主軸，轉變為聚焦於和平和發展的相關議題；第二個時期(1992 年至 2000 年)是中國非傳統安全問題不斷浮現上昇的時期，新安全觀正是在此階段中應運而生；至於第三個時期(2001 年至今)則是中國全面重視與應對非傳統安全威脅的時期，在此階段由於各種安全問題(內部與國際、傳統與非傳統、生存與發展)的複雜交織，北京將心力聚焦於各種相關因應能力的建設與提升。[26]

　　再以國防白皮書的內容而言，2002 年的白皮書首次觸及非傳統安全課題，在第六章「國際安全合作」的部份，提到中國對於參與東協十加一機制的重視，認為各方應在現有經濟合作的基礎上，謹慎與循序漸進地向政治與安全領域的對話與合作邁進，並呼籲各國應由「非傳統安全領域的合作開始。」[27] 此外，該報告並細數北

http://www.chinanews.com.cn/gn/news/2009/01-20/1534953.shtml.

[26] 王逸舟，〈論中國外交轉型〉，《學習與探索》。2008 年第5 期，頁 64。

[27] 參見《2002 年中國的國防》，新華網。http://news.xinhuanet.com/newscenter/2002-12/09/content_654246.htm.

京在對東協的重大政策宣示與作為，包括 2002 年 5 月
向東協區域論壇資深官員會議提交《關於加强非傳統安
全領域合作的中方立場文件》以及中國與東協於同年 11
月所共同發表之《關於非傳統安全領域合作聯合宣言》
等。[28] 2004 年版國防白皮書對於非傳統安全的討論方
式，是置於該書第二章「國防安全」之中，在此處提到
「(中國)運用多元化的安全手段，應對傳統和非傳統安
全威脅，謀求國家政治、經濟、軍事和社會的綜合安全。」
另外在該報告第九章「國際安全合作」的內容裡，更首
度專門增列「非傳統安全領域的合作」的細節項目，强
調北京「高度重視與各國在非傳統安全領域的合作，主
張採取綜合措施，標本兼治，共同應付非傳統安全威脅。」
[29] 而 2006 年的國防白皮書是在第十章「國際安全合作」
的部份，簡略述及北京與東協間以及東協十加三日架構
下的非傳統安全領域合作，但未再出現如同 2004 年版
中「非傳統安全領域的合作」之獨立一節。[30] 至於在
2008 年版國防白皮書中的第二章「安全形勢」部份，則
表示中國所遭受的威脅挑戰仍是多元、長期與複雜，其

---

[28] 同上註。
[29] 參見《2004 年中國的國防》，新華網。
http://news.xinhuanet.com/zhengfu/2004-12/27/content_238
5569.htm.
[30] 參見《2006 年中國的國防》，新華網。
http://big5.xinhuanet.com/gate/big5/news.xinhuanet.com/mil
/2006-12/29/content_5546516.htm.

中包括相互交織的傳統安全威脅與非傳統安全威脅在內，至於在該報告第十三章「國際安全合作」中，也是類似於 2006 年版本的處理方式，僅以寥寥數言，提及中國與東協間就非傳統安全議題的合作現況，並未特別突顯非傳統安全。[31]

本文認為，新安全觀與非傳統安全的分野與關聯性，基本上取決於下列兩個層次：其一，新安全觀涉及對於安全的再定義(主體與範圍的擴大)、威脅來源的判斷以及威脅型態的分類，尤其新安全觀已注意到由於威脅的日趨多樣化與複雜性，導致有效治理的難度提高，也清楚指出非傳統安全因素的重要性，正持續上升，而安全的內涵在歷經多年來的充實與擴張後，目前已成為跨議題領域的綜合安全概念；[32] 其二，新安全觀聚焦於如何維護與提升安全之思維、理念與途徑，以及如何妥善治理威脅與因應威脅的解決之道，就北京而言，新安全觀的主要作用，在於突顯出身處當今的國際環境中，任何國家都無法獨善其身，自掃門前雪，必須依靠國際社會中的所有行為者，包括各主權國家政府、國際組織與機構、非政府組織等，以更開放心態面對，同心協力，

---

[31] 參見《2008 年中國的國防》，中新網。
http://www.chinanews.com.cn/gn/news/2009/01-20/1534953.shtml.
[32] 孫玲，〈中國新安全觀內涵的現實主義剖析〉，《今日南國(理論創新版)》，2009 年第 2 期，頁 200。

在互利與互信的基礎上，透過促進理解、協調與共識的方式，實現合作安全與共同安全的目標。

　　如前所述，進入本世紀以來，北京的確在官方用語上(包括國防白皮書、對外重要政策宣言與文件)，對於非傳統安全出現較多著墨，但此現象不意謂在未來，將出現以非傳統安全的概念取代新安全觀的趨勢，因為所謂的非傳統安全，基本上較著重於是威脅的分類以及威脅來源的評估，並無涉於維護與提升安全的適當途徑的討論，或是有關於如何妥善治理與因應威脅的解決之道，充其量僅觸及上述第一個層次之部份內容，非傳統安全無論就涵蓋性或內涵而言，尚不及新安全觀的全面與深度，對於中國而言，兩者間之聯繫，應是以新安全觀統攝非傳統安全，在位階上，自然是前者高於後者，而非顛倒，簡言之，非傳統安全雖可視為新安全觀中的關鍵概念，但僅為其中之一端，因為新安全觀所觸及的內容，除非傳統安全之外，尚包括參與多邊區域合作與對話、與其他國家間的戰略磋商、對於聯合國的重視與參與(例如提振安理會作用、廣泛參與維和以及擴大聯合國在能源、環保、醫療、衛生、核擴散、人口、糧食、南北差距等議題上的影響力)、投入裁軍限武進程、擴展對外軍事合作交流等諸多途徑上的面向，故北京無法單以非傳統安全的概念，取代新安全觀的全部指涉意涵。

在北京的認知上，中國目前依舊處於高度複雜與多
元威脅並存的環境之中，從生存安全與發展安全，傳統
安全威脅與非傳統安全威脅，到國內安全與國際安全問
題等面向，都是呈現錯綜複雜與密切聯結的面貌，各領
域的問題都可謂牽一髮動全身。[33] 自冷戰結束以來，傳
統上經濟、政治、主權以及軍事意義上的矛盾，並未消
逝，源起自地緣、領土、種族與宗教信仰等因素所導致
的流血衝突，也從沒間斷，而經濟全球化所帶來的影響，
更已從過去單純的經貿與金融領域，朝向政治、軍事、
科技、人文與社會等各個面向，不斷擴展延伸，全球化
雖加深各國的互賴程度，卻也產生經濟發展更為失衡之
負面效應，而南北差距的問題也並未減緩。[34] 尤有甚
者，911 事件爆發至今，恐怖主義對於各國政府所造成
的陰霾仍在，而 2007 年由美國次貸危機所引發的金融
海嘯，導致全球經濟尚未完全復原，故北京與國際社會
主流意見，存在高度共識，一方面均深刻體認到威脅的

---

[33] 參見《2008 年中國的國防》，中新網。
http://www.chinanews.com.cn/gn/news/2009/01-20/153495
3.shtml.
[34] 參見《2006 年中國的國防》，新華網。
http://big5.xinhuanet.com/gate/big5/news.xinhuanet.com/mil
/2006-12/29/content_5546516.htm；吳志成，朱麗麗，〈當
代安全觀的嬗變:傳統安全與非傳統安全比較及其相關思
考〉，《馬克思主義與現實(雙月刊)》，2005 年第 3 期，頁
52。

多樣化、不確定性與複雜度，舉凡能源安全、資源安全、糧食安全、公共安全、衛生安全、資訊安全、交通運輸安全等非傳統安全領域的問題，早已一躍檯面，成為首要的討論課題，另一方面，由於天然災害、嚴重傳染性疾病、生態污染、溫室效應、氣候變遷、非法移民、販毒走私、海盜攻擊等諸多跨國問題的危害，也日益升高。以北京的角度視之，非傳統安全威脅與因素獲得更高重視，至少具有兩種意義，首先，它不僅提供大國間更深層的動力與誘因，進行密切溝通、協調與合作，其次卻也是更重要的是，由於應對非傳統安全問題，必須掌握所謂的共同利益與綜合安全，此正為新安全觀的基本內涵，這也是北京能夠順勢化解中國威脅論的難得歷史機遇和議題領域。[35]

肆、新安全觀之提出動機與背景

　　中國提出新安全觀之背景與動機的看法，各界的解讀不盡相同，本文則認為大致可歸納為以下三種解釋(或因素)，重點在於這些解釋(或因素)都有其說服力，且彼此間並非互斥，重點在於，必須綜合考量與理解，才能一窺新安全觀之全貌。第一種解釋是與冷戰後美國所主導的聯盟體系有關，在此脈絡下，新安全觀通常被認為

---

[35] 黃仁偉等著，《中國和平發展道路的歷史選擇》(上海：上海人民出版社，2008 年)，頁 132。

是北京因應外在形勢的變化，所採取的防禦性對策；而第二種解釋則與北京消除周邊國家，對於中國崛起的疑慮有關，故可視為北京向國際展現其「放心外交」的重要組成部份；至於第三種解釋是提出新安全觀的出發點，主要是著眼於話語權的爭取，即中國不應在論述國際安全與威脅的場域中，失去發言力量。

就第一種解釋而言，主要是聚焦於冷戰結束後東亞地區國際政治的變化，尤其在 1995、1996 年台海危機之後，美國防範北京崛起的戰略態勢已隱然成形。[36] 其中的一項關鍵指標，是華府與東京調整美日同盟的企圖，因此新安全觀可視為北京對外部形勢的被動反制，眾所皆知，1994 年 10 月至 1996 年 4 月間，美日兩國政府進行一項檢視後冷戰時期雙邊安全關係的計畫，當時主管國安全事務的美國國防部助理部長奈伊(Joseph Nye, Jr.)曾提出所謂的《奈伊倡議》(The Nye Initiative)，計畫擬定期間，由於第三次台海危機的爆發，再加上沖繩縣日本學童遭受美軍強暴事件，意外引發日本社會對於美日聯盟相關議題的深刻辯論。[37] 不過放眼整個 1990

---

[36] 閻學通〈中國的和平崛起〉，閻學通主編，《中國學者看世界(國際安全卷)》(香港：和平圖書，2006 年)，頁 495。
[37] Michael J. Green and Patrick M. Gronin, "Introduction," in Michael J. Green and Patrick M. Gronin, eds., The U.S.-Japan Alliance: Past, Present, and Future (New York, NY: on Foreign Relations, 1999), pp. xi-xii. 關於《奈伊倡議》的相關細節，參見 Yoichi Funabashi, Alliance Adrift, pp.

年代，美國總統柯林頓與日相橋本龍太郎於 1996 年 4
月所簽署《美、日安全保障宣言－邁向二十一世紀的聯
盟的共同宣言》，不僅是聯盟於後冷戰時期持續強化的里
程碑之一，也是《奈伊倡議》的落實。[38] 緊接著，美日
安保協議委員會(即二加二諮商會議)於 1997 年 9 月簽訂
新的《美日防衛合作指針》 (以下簡稱新指針)。[39] 相較

248-279.

[38] 此份宣言的重點包括：(1)再次確認美日聯盟對於亞太區域
安全與秩序的貢獻，以及美國承諾維持亞太地區十萬前進兵力
的重要性；(2)強調美、日兩國於雙邊、區域與全球層級的夥
伴關係；(3)應重新評估已運作 20 年之久的《美日防衛合作指
針》；(4)在不影響美軍實力的前提下，歸還沖繩地區的軍事設
施；(5)兩國元首宣示對於彈道飛彈防禦計畫的研究，保持高
度的協調與合作；(6)雙方承諾將共同促使中國扮演亞太地區
和平與穩定的力量。

[39] 《新指針》規範雙方下列三個面向的合作細節：(1)平時的
合作：包括情報交換與政策協商、安保方面的各種合作(例如
安保對話、防衛交流、裁軍、軍備管制、聯合國維與國際人
道救援行動等) 以及兩國的共同任務(例如聯合演練、作戰與
合作計畫制定、緊急事態發生時規範協調機制的建立等)；(2)
遭受武力攻擊時的因應行動：即確立由日本自衛隊進行防禦性
作戰，而美軍則實施增補與支援作戰的分工原則，並區分「日
本遭受武力攻擊的時機緊迫之際」以及「日本遭受武力攻擊」
等兩種情況，如果是後者，兩國將針對日本遭受空中、登陸、
空降與彈道飛彈攻擊、游擊隊等非正規作戰攻擊，以及防禦日
本周邊海域與確保海上運輸暢通等不同想定，分別採取相關的
因應作為；(3)周邊發生事態時的合作：其中包括「兩國政府
各自分別實施活動之合作」(例如搜索、救難、人道援助、撤
離非戰鬥人員以及依據聯合國安理會決議所執行的船舶檢
查)、「在執行層面上的合作事項」(例如掃雷、海陸空域調整
與情報交換等)，以及「日本對於美軍活動的支援」等 3 種類

於 1978 年版的舊指針，新指針展現以下三點重要意涵，
其一，新指針特別強調亞太地區的諸多不穩定因素，僅
管並未列舉具體例子，但一般咸認台海、朝鮮半島、南
中國海等都涵蓋在內；第二，新指針並不侷限於狹隘的
日本有事概念上，而將關注焦點放置於「周邊事態」，至
於所謂的「周邊」並非地理上的概念，而是強調「有事」
的意涵，重點在於美日聯盟的防禦範圍，由遠東地區轉
化為日本周邊以及亞太地區，至於在周邊發生事態時，
根據新指針的內容，除兩國所各自實施活動的合作外，
日本自衛隊的任務是負責「對於美軍活動的支援」，主要
是提供設施使用以及提供後方地區的支援，其中包括運
輸、維修、補給、衛生、警備、通訊與其他項目。[40] 簡
言之，外界普遍認為當時美日同盟再定義的針對目標，
表面上雖然直指對北韓動向的關切，著眼於金正日政權
的高度不可預測性，但實際狀況則不僅如此，另一個無
法言明之處，即是伴隨中國崛起的各種可能安全挑戰，
故在江澤民的認知方面，美日等國部份有心人士、媒體
與學術圈中國威脅論上的推波助瀾的結果，極可能造成

別。國防部史政編譯室，《2003 日本防衛白皮書》，頁 239-251。
[40] The National Defense Institute for Defense Studies, *East
Asian Strategic Review 1997-1998* (Tokyo, The National
Defense Institute for Defense Studies Publishes, 1998), pp.
53-55；楊永明，〈美日安保與亞太安全〉，《政治科學論叢》，
第 9 期(1998 年 6 月)，頁 292-294。

中國靜悄悄的取代前蘇聯，成為西方新冷戰思維下的頭號假想敵，再加上棘手的台灣議題，仍有可能再度點燃美中爭執的引信，故在 1990 年代中期，美日兩國政府對於東亞地區的結盟體系的強化企圖，尤其是重整美日安保架構之舉，被北京方面解讀為針對中國所進行的戰略壓縮，故以當時的時空環境而言，新安全觀的提出，正代表中國對於華府政策作為的防禦性反制作為，例如在 1998 年版的中國國防白皮書中，即意有所指地道盡北京的戒慎態度，強調「歷史證明，冷戰時期以軍事聯盟為基礎，以增加軍備為手段的安全觀念和體制不能營造和平。在新形勢下，擴大軍事集團、加強軍事同盟更有悖時代潮流。安全不能依靠增加軍備，也不能依賴軍事同盟。」[41]

至於第二種看法與前者近似，都認為新安全觀的出爐與外在形勢息息相關，但兩者明顯相異之處在於，第二類見解認為新安全觀的形成，基本是與抗衡美國主導的軍事政治聯盟架構無涉，北京的主要的動機，在於降低外界對於中國崛起的疑慮，化解中國威脅論所產生的負面效應，故針對目標主要是放在周邊國家，尤其首重東協成員，基於這種考量，新安全觀是北京對於東協成

---

[41] 參見《1998 年中國的國防》，網易。
http://news.163.com/06/1228/18/33EUVQDQ0001252H.html.

員與周邊國家「放心外交」的重要一環，其主要目的是希望鄰國與國際社會，對於中國的快速崛起，能夠減低不安與不確定感，北京希望藉由立場的清楚陳述，輔以實際的外交作為，替中國創造一個穩定的外部環境，以利其長程的和平發展，特別是中國仍處於綜合國力上升的過程中，不容否認，它與日本、南韓以及東亞各國間，仍存在著諸如南海與東海等傳統的領土與資源爭議，但即便如此，近年來中國並未與對方爆發真正衝突，此情況實屬不易，若無新安全觀發揮正面積極的作用，則極可能會出現截然不同的局面，尤其對比於其他國家或區域，北京推動和東協發展夥伴關係的歷史較短，但至目前為止，此夥伴關係的根基卻最為全面與深入，此情形當然新安全觀的推動有關。[42] 值得一提的是，中國學者普遍認為，另一個常被外界忽視的深層原因，在於中國與西方的作法有別，北京與他國交往時，較能理解後者，新安全觀的概念其實早已存在，其議題面向跨越主權、軍事、制度、經濟、環保與諸多傳統與非傳統安全的領域，重點在於中國深刻明瞭如果希望維護自身安全，就必須揚棄西方國家的一貫作法，轉而尊重個別國家的多樣性，包括各自獨特的政治制度、文明型態、歷史背景、生活方式、社經發展以及固有價值觀念，換言之，國際

---

[42] 北京大學國際關係學院學者訪談內容，2010 年 4 月 9 日(北京)。

341

社會中的所有行為者，都必須講求互信，平等對待，透過協作方式，謀取全體的最大程度的福祉，中國在現階段必須以更主動的姿態，建構穩固的外部條件，因為惟有在較友善的國際環境中，才足以讓中國安身立命與持續發展，同時顧及其他國家的利益。北京通常特別喜歡強調，中國不會預設假想敵，即便面臨各式的傳統與非傳統威脅，無論他國以何種眼光看待中國，將中國視為威脅或是機遇，中國都仍會以此原則看待對方。[43]

　　至於第三種解釋則是話語權的爭取，這部份也與前面所提及的兩項因素相關，主要認為新安全觀是中國對於安全議題的系統性陳述，設定的聽眾是世界各國，但所針對的目標則可能仍是美國。不少大陸學者認為，檢視中國的新安全觀，一方面必須注意新安全觀與軟實力之間的關聯性，另一方面必須瞭解在國際角色定位與貢獻上，中國長期以來處於相對被動弱勢地位，通常是被動回應外界的要求或期待。尤其是近年來，美國經常依據其主觀認定的標準、規則、方式以及自身判斷，對北京施壓，或企圖下指導棋，動輒要求北京承擔更大卻未必合情合理的國際責任。[44] 在此情況下，基於保障自身

---

[43] 中國國際問題研究所學者訪談內容，2010 年 4 月 9 日(北京)。。

[44] 中國學界普遍認為，外界所言之「中國責任論」通常具備雙重性，意即可劃分為兩類，第一是主要來自於發展中國家與低度發展國家的呼籲，這些國家主要是基於自身發展需要與現

利益的考量，中國迫切需要擁有與擴張自身的話語能力，設法掌握遊戲規則的制定權，為達成此目的，也需要持續強化自身的軟實力，因此新安全觀的提出，也可視為中國增進軟實力的必要手段之一，以朝鮮半島局勢為例，北京認為以往是由美國此一超級強權所獨霸，其他國家則任由美國片面追求主觀與絕對的安全利益，因此中國必須提出自己的新安全觀，強調對於共同安全與合作安全的高度重視，此情形在冷戰年代本難以想見，因為中國可能因為干涉內政的顧慮，而不願意積極參與和介入，但無庸置疑，北京近年來已在北韓議題上，扮演舉足輕重的關鍵角色。[45] 簡言之，中國提出新安全觀的主要宗旨，還是在於清楚陳述中國方對於安全與威脅的看法，也就是希望在目前由西方所主導的話語體系，能夠分庭抗禮，或至少在國際的論述市場上，保有立足之地，盡量引進北京的說法與見解，加注更多的中國風味與成份，故新安全觀在本質上，是一套思考理路與理

實利益，希望能從中國的發展模式當中獲得啟發，主動學習其寶貴經驗，部份國家進而希望北京提高各領域的援助規模；至於其二則源自於美國與西方世界的要求，大體上要求北京依循他們所製訂的規範、標準與價值觀，在維護現有秩序與權力分配的前提下，表面的理由是一個崛起的中國，應分擔美國與西方國家的重擔，盡更大義務與作出更廣泛貢獻，實則是企圖鞏固美國所主導的既存國際體系。參見黃仁偉等著，《中國和平發展道路的歷史選擇》，頁 151-152；206。
[45] 中國國際問題研究所學者訪談內容，2010 年 4 月 9 日(北京)。

論架構，說明中國是基於何種邏輯，思索各種重要課題，並形塑自身的政策立場，包括如何定位全球化時代下的安全概念，如何理解並因應各式傳統與非傳統的安全威脅，並應透過何種途徑，確保與提升本身與他國的安全等。此外，另有部份學者認為獲取話語權的目的之一，也是著眼於美國對於他國的不合理的霸權行使，因此中國希望藉此提升其外交作為的正當性，以利於爭取國際社會的理解與支持。[46] 正如同 2004 年國防白皮書撰寫者之一的軍事專家袁正領在受訪時指出：「新安全觀是中國和平共處五原則和防禦性國防政策的延續，也是中國近年來在國際安全領域最重要的思想之一，……一個發展中的大國在安全領域應該有自己的觀點與聲音。」[47]

伍、新安全觀的實踐與評估

一、標誌成果

在新安全觀的具體實踐上，除和平解決與鄰國間因歷史遺留的邊界與領土紛爭外，北京方面首重區域性多邊安全合作與對話，以亞太地區而言，包括朝鮮半島六

---

[46] 上海交通大學環太平洋戰略研究中心學者訪談內容，2010年 4 月 27 日(上海)。
[47] 參見《國防白皮書：堅持互信、互利、平等、協作的新安全觀》，人民網。
http://www.people.com.cn/GB/shizheng/1027/3082005.html.

方會談、東協區域論壇、亞太安全合作理事會(*Council for Security Cooperation in the Asia Pacific*, CSCAP)、北亞合作對話會議(The Northeast Asia Cooperation Dialogue, NEACD)，不僅被北京視為友好睦鄰政策的重要成份，也是將各種區域安全合作與對話的舞台，做為與周邊國家解決諸多傳統與非傳統安全問題的場域，換言之，北京在推動新安全觀的過程中，也契合與鄰為善與以鄰為伴之外交方針，呼應北京近年來所積極推動的睦鄰、安鄰與富鄰的政策，有利於維持周邊穩定，並增進周邊安全戰略互信。而在前述眾多區域多邊組織與機制中，觀察北京的官方立場與說法，較能夠彰顯新安全觀的精神者，首推中國於江澤民時期所打造的上海合作組織(以下簡稱上合組織)，其次則是北京與東協之間的各種合作與對話作為與制度安排。

就前者而言，上合組織對北京具有其他機制難以項其望背的特殊意義，主要在於它不僅為第一個於中國領土上所宣佈創建，且是首次以中國城市命名的區域組織，更重要的是，上合組織是北京所主導、策劃和推動的產物。[48] 眾所皆知，它是由中國、俄羅斯、吉爾吉斯、哈薩克、烏茲別克與塔吉克等 6 國於 2001 年 6 月所設

---

[48] 楊潔勉等著，《對外關係與國際問題研究》(上海：上海人民出版社，2009)，頁 113；王曉玉、許濤，〈上合組織的綜合安全理念〉，閻學通主編，《中國學者看世界(國際安全卷)》(香港：和平圖書，2006 年)，頁 177-178。

立，前身為上海五國。雖然部份媒體曾賦予上合組織「制約美國在中亞與西南亞的影響力」、「東方北約」或「企圖與西方抗衡」等各種解讀，但北京與上合組織的官方說辭是，此組織並非封閉的軍事政治體，它標榜的是對外開放以及透明決策過程，其宗旨是摒棄冷戰思維、超越意識型態、不結盟、非對抗以及不針對任何國家與組織。從表面來看，自設立以來，上合組織除逐步完成建制化(設有位於北京的秘書處與位於塔什干之區域反恐中心)的工程外，也確立會員國元首與相關高層官員的定期諮商會晤慣例，並廣泛進行國防、司法與執法單位間之跨部門合作，議題觸及反恐、販毒走私、網路安全以及跨國犯罪等諸多非傳統安全領域，在法律化的進程方面，上合組織也先後簽署或完成《打擊恐怖主義、分裂主義以及極端主義上海公約》《上海合作組織憲章》《區域反恐怖機構協定》、《上合組織元首宣言》、《塔什干宣言》、《上合組織會員國對於合作打擊非法販運麻醉藥品與精神藥物協議》、《上合組織會員國合作打擊恐怖主義、分裂主義以及極端主義倡議》《長程睦鄰友好合作條約》、《國防部合作協定》、《政府間合作打擊非法販運武器、彈藥與爆裂物協定》、《反恐專業人員培訓協定》、《舉行聯合軍演之協定》、《保障國際資訊安全行動計劃》等多份條約、協議、宣言、倡議、計畫與文件，此外，上合組織會自 2005 年以來，也定期舉

行聯合反恐軍演。至於在運作的特徵上，上合組織作為倡導新型態安全觀與區域合作模式的代表作，自然是講求以互信、互利、平等、協商、尊重多樣文明以及謀求共同發展等原則，北京特別標誌此為「上海精神」，除強化傳統軍事領域的信任與合作措施之外，亦重視上合組織在預防衝突與和平解決爭端上所能發揮的功用。[49]

　　另一方面，無論是東協十加一、東協十加三的架構或東協區域論壇、亞太安全合作理事會等機制，向來被北京視為對外展現新安全觀的重要標竿。中國近年來的具體努力成果，包括於 2002 年 5 月向東協區域論壇呈交《關於加強非傳統安全領域合作的中方立場文件》，2002 年 7 月，中國在第九屆東協區域論壇外長會議中，正式提交《中國關於新安全觀的立場文件》，強調各會員國應透過對話，增進相互瞭解與信任，實現共同安全與合作安全，2002 年 11 月，中國與東協共同發表所謂的《關於非傳統安全領域合作聯合宣言》中，開展中國與東協在非傳統安全議題上的合作，2004 年 1 月，北京與東協簽署《雙方關於非傳統安全領域合作諒解備忘錄》，此外，近年來，中國與東協不僅強調建立信任措施、建制化防務合作以及與擴大軍事交流的重要性，也提出各種強化非傳統安全領域合作之倡議，並與東協成員積極舉辦以反大規模毀滅性武器擴散、打擊跨國犯

---

[49] 同上註。

罪、司法警務合作、防災救災、預防外交等為主題的論
壇與研討會，對北京而言，更曾多次強調所謂的新安全
觀，是建築在和為貴、和而不同以及求同存異等基礎上，
符合此區域和平、發展、進步、繁榮的內部要求。此外，
如同閻學通所指出，有鑒於亞太地區各國多樣性(政治制
度、歷史文化、經濟表現)之特色，非常符合新安全觀的
精神，因為新安全觀強調安全合作型態的多元化與彈
性，故無論是一軌對話或二軌協商、雙邊或多邊形式、
定期或非常態、傳統安全或非傳統安全的議題，任何能
夠增進合作與擴展共同利益的方式，都值得考慮各國參
考與採行。[50]

二、檢討與省思

(一) 納入整體外交思考

　　如先前所強調，本文認為探索新安全觀的醞釀、成
型以及推動，必須從北京所理解之國際形勢與歷史脈絡
出發。另一方面，必須注意到強調互信、互利、平等、
協作的新安全觀，基本上與北京的思維一脈相承，包括
所標榜之獨立自主的和平外交政策、和平共處五原則、
防禦性國防政策、永不稱霸以及所企圖緊扣之和平發展
主旋律，尤其它亦與胡錦濤和諧世界的理念相通，旨在

---

[50] 閻學通，〈中國的新安全觀與安全合作構想〉，《現代國
際關係》，第 11 期(1997 年)，頁 32。

化解各方對於中國威脅論的疑慮，企圖爭取話語的主動
權，以形塑符合中國穩定發展與長遠利益的外部環境，
簡言之，必須將新安全觀納入北京的整體思維觀察，才
能深刻掌握其意涵以及作用。

(二) 傳統安全觀的地位

　　如前所述，僅管新安全觀的主體為主權安全，內容
是綜合安全，途徑是合作安全，意即以傳統的主權安全
為基礎，希望透過共同合作的手段，追求綜合安全的目
標。但部份大陸學者對於新安全觀提出不同見解，主要
質疑新安全觀就某種意義上，將導致國家安全與軍事安
全的終結，也就是過度強調新安全觀的負面效果，可能
會忽略軍事安全與國防安全的重要性與地位，故新安全
觀不僅無法取代傳統安全觀，且具有貶抑傳統安全(尤其
是保衛主權獨立、領土完整、政經體制不受外力侵犯與
威脅)之嫌。[51] 例如劉勝湘指在〈新安全觀質疑〉一文
中指出，自冷戰結束以來，對世界各國而言，無論對安
全觀念、安全威脅或安全戰略，出現三種型態的轉變，
包括從主權到人權安全的轉變、從國家安全到全球安全
的轉變、從軍事安全到社會安全的轉變。[52] 重點在於，
他認為時至今日，新安全觀仍面臨理論層面與現實層面

---

[51] 劉勝湘，〈新安全觀質疑〉，閻學通主編，《中國學者看世界
(國際安全卷)》(香港：和平圖書，2006 年)，頁 41。
[52] 同上註，頁 51-54。

等兩種困境，就理論困境而言，問題在於綜合安全的面向，過於寬廣與浮濫，如果任意無限延伸對於安全內涵之範圍界定，「綜合安全有將整個國際社會安全化之嫌」。[53] 至於新安全觀所強調的互信、互利、平等與協作，也存在諸多瓶頸，主要包括：(1)由於各國對於戰略環境的評估、威脅程度與急迫性的判斷、戰略目標的優先順序等，皆不盡相同，故共同利益不易達成與維繫；(2)合作通常有其限度，且真正的平等難尋；(3)互信有其程度，即便存在互信，通常也是暫時性，難以持久，因為新的猜疑將不斷出現，形成障礙，再完善的安全措施，都不易完全消除彼此的不信任，尤其涉及主權與生存等核心利益上的矛盾，各國的政策立場，勢將難以協調。[54]至於在現實困境方面，他則指出新安全觀的推動，必須克服單極化霸權與多極化趨勢間的矛盾、區域安全困境的難以化解、軍備競賽與軍事威脅未曾減緩、全球性問題與國家利益間的取捨等諸多挑戰。[55]

(三) 理念性與操作性

　　本文基本上同意近年來北京的外交作為，在若干程度上契合新安全觀的精神，例如更大程度地參與多邊安全對話與合作機制，對於拓展軍事外交的態度更為積

---

[53] 同上註，頁 55。
[54] 同上註，頁 57-58。
[55] 同上註，頁 60-61。

極，也普遍關注全球與地區性的裁軍與軍控議題，並多方嘗試與參與區域性安全行為準則的建立，同時並強調與大國間之戰略對話與磋商等，但在操作層次上，不可諱言，仍有其侷限性存在。[56] 不少大陸學者也認為，關鍵可能在於，不應將新安全觀視為中國外交的指導藍圖，而應視其為中國對自身外安全思維的理念表達，換言之，中國的新安全觀的原則性與理念性，依然高於操作性與實作性，意即新安全觀與中國的實際安全行為兩者間，聯繫未必十分明確。[57] 另有學者表示，到底何者可視為北京推動新安全觀的最佳範例，針對此問題，需要更冷靜與謹慎地觀察與對待，必須避免讓外界產生錯誤解讀，認為只有北京親身參與和主導的國際組織或機構，才有資格被稱為新安全觀的具體實踐，更何況上合組織仍處於不斷演進的過程之中，仍存在不少發展與成長的空間。[58] 此外，部份學者也強調，新安全觀不僅與軟實力有關，也與中國的戰略文化與戰略傳統之間，存在著密切的關聯，中國早有重視軟實力的傳統，自古以來就強調「得人心者得天下」、「師出有名」、「近悅遠來」、「親仁善鄰、以德為鄰」、「以德服人」與「得道多助」

---

[56] 北京大學國際關係學院學者訪談內容，2010 年 4 月 9 日(北京)。
[57] 同上註。
[58] 上海環太平洋戰略研究中心學者訪談內容，2010 年 4 月 26 日(上海)。

等概念，新安全觀不僅單純是外交辭令或政治口號而已，它具有實際內涵，而新安全觀在某種意義上，也與胡錦濤和諧世界的概念契合相通，且至今並已獲得部份實踐，惟不容否認，無論是《南海各方行為宣言》、《東南亞友好合作條約》、朝鮮半島六方會談、上合組織、東協十加一以及東協十加三等制度設計，仍面臨高度依賴共識與拘束力不足的問題，因此新安全觀在本質上，仍是理念性強過於操作性，應視為中國對於未來世界理想狀態之追尋。[59]

陸、結論

　　本文的主要宗旨是探討中國新安全觀的諸多議題，包括其理論與概念的發展、核心內涵、動機、具體實踐情形以及檢討與省思等面向。本文的主要論點有四，首先，新安全觀的形成，大致可劃分為三種不互斥的原因，其中包括對於美國所主導聯盟體系之被動反制、降低周邊國家對於中國威脅論的疑懼、爭取國際社會中之話語權等；其次，儘管北京近來對於非傳統安全多所著墨，但不意謂未來將會以非傳統安全之概念，取代新安全觀，因為兩者的位階與指涉範圍，仍是前者凌駕後者；第三，在新安全觀的省思與檢討的部份，本文

---

[59] 上海交通大學王環太平洋戰略研究中心學者訪談內容，2010 年 4 月 27 日(上海)。

認為必須將新安全觀，置於北京的外在國際政治環境、歷史脈絡以及整體外交思維等角度，全盤考量與理解，才能夠深刻掌握新安全觀的全貌；第四，新安全觀不僅仍面臨各種理論與實務上的困境，在運作的層次方面，其理念性與原則性，也高於於操作性，但即使諸多挑戰仍在，展望未來，新安全觀仍將持續發揮其作用。

當代戰略理論與實際

淡江戰略學派觀點

出 版 者 / 淡江大學國際事務與戰略研究所

主　　編 / 翁明賢

作 者 群 / 李黎明 李大中 沈明室 施正權

　　　　　翁明賢 陳文政 張明睿 黃介正

　　　　　賴進義 魏 萼 (依姓氏筆劃排序)

圖文排版 / 李函潔

封面設計 / 蘇冠群

印製銷售 / 秀威科技資訊股份有限公司

　　　　　臺北市內湖區瑞光路 76 巷 65 號

　　　　　電話：02-2796-3638

網路訂購 / 秀威網路書店：http://www.bodbooks.com.tw

　　　　　國家網路書店：http://www.govbooks.com.tw

出版日期 / 2011 年 6 月 POD 初版

當代戰略理論與實際：淡江戰略學派觀點

/ 李黎明等著 ； 翁明賢主編. –新北市 ：

淡大戰略所, 民 100.06

面 ； 公分

ISBN 978-986-6717-78-9(平裝)

1.戰略 2.戰略思想 3.文集

592.407　　　　　　　100009993